科技部重点研发计划"蓝色粮仓"科技创新 重大科技成果 | 稻渔工程丛书
江西省现代农业（特种水产）产业技术体系

稻渔工程
——稻渔环境与质量

丛 书 主 编　洪一江

本 册 主 编　李思明　刘文舒

本册副主编　郭小泽　陈彦良

本册编著者（按姓氏笔画排序）

王玉柱	方　磊	刘文舒	李思明	肖海红
陈彦良	胡蓓娟	洪一江	郭小泽	唐艳强
曹　烈	韩学忠	傅红梅	傅雪军	曾文超
曾柳根	曾维农	简少卿		

中国教育出版传媒集团

高等教育出版社·北京

内容简介

　　本书是关于稻渔工程中稻田生态环境要素和水产品质量安全检测方法的书籍。本书主要包括稻渔种养水质要素、稻渔种养土壤环境、水产苗种质量安全检测、水产品饲料质量安全检测、水产品质量安全检测、稻渔水产品质量认证标准及程序等内容。只有在充分了解稻田环境要求、水产品安全生产检测方法和产品质量认证流程的基础上，才能更好地开展稻渔工程的选址、安全监测管理和品牌建设等工作，从而提升稻渔综合种养的竞争力和经济效益。本书可以作为从事农田生产和水产养殖的实际工作者和管理人员学习与参考，亦可作为高校农学、水产相关专业实践类教材，以及水产科技人员的培训教材。

图书在版编目（ＣＩＰ）数据

　　稻渔工程：稻渔环境与质量 / 李思明，刘文舒主编.
－－ 北京：高等教育出版社，2022.11
　　（稻渔工程丛书 / 洪一江主编）
　　ISBN 978−7−04−058588−9

　　Ⅰ.①稻… Ⅱ.①李… ②刘… Ⅲ.①水稻栽培②稻田养鱼 Ⅳ.①S511②S964.2

　　中国版本图书馆 CIP 数据核字（2022）第 072789 号

Daoyu Gongcheng: Daoyu Huanjing yu Zhiliang

策划编辑	吴雪梅	责任编辑	高新景	特约编辑	郝真真
封面设计	贺雅馨	责任印制	赵义民		

出版发行	高等教育出版社	网　址	http://www.hep.edu.cn
社　址	北京市西城区德外大街4号		http://www.hep.com.cn
邮政编码	100120	网上订购	http://www.hepmall.com.cn
印　刷	北京中科印刷有限公司		http://www.hepmall.com
开　本	880mm×1230mm　1/32		http://www.hepmall.cn
印　张	4.25		
字　数	120 千字	版　次	2022 年 11 月第 1 版
购书热线	010−58581118	印　次	2022 年 11 月第 1 次印刷
咨询电话	400−810−0598	定　价	26.00元

《稻渔工程丛书》编委会

主　编　洪一江

编　委（按姓氏笔画排序）

王海华　刘文舒　许亮清　李思明　赵大显

胡火根　洪一江　曾柳根　简少卿

数字课程（基础版）

稻渔工程
——稻渔环境与质量

丛书主编　洪一江
本册主编　李思明　刘文舒

Abook

稻渔工程——稻渔环境与质量

《稻渔工程——稻渔环境与质量》数字课程与纸质图书配套使用，是纸质图书的拓展与补充，数字课程包括彩色图片、稻渔综合种养技术规范等，便于读者学习和使用。

| 用户名： | 密码： | 验证码： | 5360 忘记密码？ | 登录 注册 |

http://abook.hep.com.cn/58588

扫描二维码，下载Abook应用

序

中国稻田养鱼历史悠久，是最早开展稻田养鱼的国家。早在汉朝时，在陕西和四川等地就已普遍实行稻田养鱼，至今已有 2 000 多年历史。现今知名的浙江青田"稻渔共生系统"始于唐朝，距今也有 1 200 多年历史。光绪年间的《青田县志》载："田鱼，有红、黑、驳数色，土人在稻田及圩池中养之。"青田"稻渔共生系统"2005 年被联合国粮农组织列为全球重要农业文化遗产，也是我国第一个农业文化遗产。然而，直至中华人民共和国成立前，我国稻田养鱼基本上都处于自然发展状态。中华人民共和国成立后，在党和政府的重视下，传统的稻田养鱼迅速得到恢复和发展。1954 年第四届全国水产工作会议上，时任中共中央农村工作部部长邓子恢指出"稻田养鱼有利，要发展稻田养鱼"，正式提出了"鼓励渔农发展和提高稻田养鱼"的号召；1959 年全国稻田养鱼面积突破 $6.67 \times 10^5 \ \text{hm}^2$。1981 年，中国科学院水生生物研究所倪达书研究员提出了稻鱼共生理论，并向中央致信建议推广稻田养鱼，得到了当时国家水产总局的重视。2000 年，我国稻田养鱼面积发展到 $1.33 \times 10^6 \ \text{hm}^2$，成为世界上稻田养鱼面积最大的国家。进入 21 世纪后，为克服传统的稻田养鱼模式品种单一、经营分散、规模较小、效益较低等问题，以适应新时期农业农村发展的要求，"稻田养鱼"推进到了"稻渔综合种养"和"稻渔生态种养"的新阶段和新认识。2007 年"稻田生态养殖技术"被选入 2008—2010 年渔业科技入户主推技术。2017 年，我国首个稻渔综合种养类行业标准《稻渔综合种养技术规范　第 1 部分：通则》（SC/T 1135.1—2017）发布。2016—2018 年，连续 3 年中央一号文件和相关规划均明确表示支持稻渔综合种养发展。2017 年 5 月农业部部署国家级稻渔综合种养示范区创建工作，首批 33 个基地获批国家级稻渔综合种养示范区。至 2020 年，全国稻渔综合种养面积超过 2.53×10^6 hm^2。2020 年 6 月 9 日，习近平总书记考察宁夏银川贺兰县稻渔空间乡村生态观光园，了解稻渔种养业融合发展的创新做法，指出要注意解决好稻水矛盾，采用节水技术，积极发展节水型、高附加值的种养业。

为促进江西省稻渔综合种养技术的发展，在科技部、江西省科技厅、江西省农业农村厅渔业渔政局的大力支持下，在科技部重点研发计划"蓝色粮仓科技创新"重大专项"井冈山绿色生态立体养殖综合技术集成与示范"、国家贝类产业技术体系、江西省特种水产产业技术体系、江西省科技特派团、江西省渔业种业联合育种攻关等项目资助下，2016 年起，洪一江教授组织南昌大学、江西省水产技术推广站、江西省农业科学院、江西省水产科学研究所、南昌市农业科学院、九江市农业科学院、玉山县农业农村局等专家团队实施了稻渔综合种养技术集成与示范项目，从养殖环境、稻田规划、品种选择、繁育技术、养殖技术、加工工艺以及品牌建设等全方位进行研发和技术攻关，形成了具有江西特色的稻虾、稻鳖、稻蛙、稻鳅和稻鱼等"稻渔工程"典型模式。该种新型的"稻渔工程"是以产业化生产方式在稻田中开展水产养殖的方式，以"以渔促稻、稳粮增效"为指导原则，是一种具有稳粮、促渔、增收、提质、环境友好、发展可持续等多种生态系统功能的稻渔结合的种养模式，取得了良好的经济、生态和社会效益。

作为中国稻渔综合种养产业技术创新战略联盟专家委员会主任，2017 年，我受邀在江西神农氏生态农业开发有限公司成立江西省第一家稻渔综合种养院士工作站，洪一江教授的团队作为院士工作站的主要成员单位，积极参与和开展相关技术研究，他们在江西省开展了大量"稻渔工程"产业示范推广工作并取得了系列重要成果。例如，他们帮助九江凯瑞生态农业开发有限公司、江西神农氏生态农业开发有限公司先后获得国家级稻渔综合种养示范区称号；

首次提出在江西南丰县建立国内首家中华鳖种业基地并开展良种选育；首次提出"一水两治、一蚌两用"的生态净水理念并将创新的"鱼－蚌－藻－菌"模式用于实践，取得了明显效果。他们在国内首次提出和推出"稻－鱼－蚌－藻－菌"模式应用于稻田综合种养中，成功地实现了农药和化肥使用大幅度减少 60% 以上的目标，对保护良田，提高水稻和水产品质量，增加收入具有重要价值。以南昌大学为首的科研团队也为助力乡村振兴提供了有力抓手，他们帮助和推动了江西省多个地区和县市的稻渔综合种养技术，受到《人民日报》《光明日报》《中国青年报》、中央广播电视总台、中国教育电视台等主流媒体报道。南昌大学"稻渔工程"团队事迹入选教育部第三届省属高校精准扶贫精准脱贫典型项目，更是获得第 24 届"中国青年五四奖章集体"荣誉称号，特别是在人才培养方面，南昌大学指导的"稻渔工程——引领产业扶贫新时代"项目和"珍蚌珍美——生态治水新模式，乡村振兴新动力"项目分别获得中国"互联网＋"大学生创新创业大赛银奖和金奖。

获悉南昌大学、高等教育出版社联合组织了江西省本领域的知名专家和具有丰富实践经验的生产一线技术人员编写这套《稻渔工程丛书》，邀请我作序，我欣然应允。

本丛书有三个特点：第一，具有一定的理论知识，适合大学生、技术人员和新型职业农民快速掌握相关知识背景，对提升理论和实践水平有帮助；第二，具有明显的时代感，针对广大养殖业者的需求，解决当前生产中出现的难题，因地制宜介绍稻渔工程新技术，以利于提升整个行业水平；第三，具有前瞻性，着力向业界人士宣传以科学发展观为指导，提高"质量安全"和"加快经济增长方式转变"的新理念、新技术和新模式，推进标准化、智慧化生产管理模式，推动一、二、三产业融合发展，提高农产品效益。

本丛书内容基本集齐了当今稻渔理论和技术，包括稻渔环境与质量、稻田养鱼技术、稻田养虾技术、稻田养鳖技术、稻田养蛙技术和稻田养鳅技术等方面的内容，可供水产技术推广、农民技能培训、科技入户使用，也可作为大中专院校师生的参考教材，希望它能够成为广大农民掌握科技知识、增收致富的好帮手，成为广大热爱农业人士的良师益友。

　　谨此衷心祝贺《稻渔工程丛书》隆重出版。

中国科学院院士、发展中国家科学院院士

中国科学院水生生物研究所研究员

2022 年 3 月 26 日于武汉

稻渔综合种养是在传统稻田养鱼基础上发展起来的一种新型稻田养殖技术模式，该模式充分利用生物共生原理，种植和养殖相互促进，在保证水稻不减产的前提下，能显著增加稻田综合效益，是促进农村经济发展，农民增收致富的有效途径。

稻渔综合种养尽管取得了较好的成效，但也存在一些问题和制约因素，主要表现在以下4点。一是投入不足，稻渔共作模式和基地规模不大；二是部分农民认识不足，稻渔种养技术有待提高；三是养殖环境和产品质量标准尚未健全；四是水产品加工规模不大，品牌尚未成熟。其中，第三点和第四点是稻渔综合种养产业提升的关键。

稻渔综合种养技术需要打造一批农业、水产精品名牌，认证"三品一标"产品，打造中国驰名商标。利用稻渔综合种养技术生产出的大米、小龙虾、中华鳖、鱼等农产品，进一步拓展和形成"生产－流通－加工－餐饮"的完整产业链，并进行绿色（有机）食品认证，打造绿色（有机）大米品牌和绿色（有机）水产品品牌，提高核心竞争力。利用各类媒体、会展，开展全方位、多时空的深度宣传和推介，不断提升产品知名度和社会影响力。建立专业营销团队，开展多层次、广领域的推介营销活动，拓展产品营销网络，扩大有机大米、水产品的市场占有率，加快实现由卖产品到卖商品、由卖商品到卖名品、由卖名品到卖品牌的转变，促进农产品、水产品的市场竞争力和影响力。

本书介绍了稻田水质要素、土壤环境、水产品养殖质量安全以及品牌建设相关内容，为稻渔工程的选址、安全监测管理和品牌建设等工作提供指南，从而提升稻渔综合种养的竞争力和经济效益。

本书能够付诸出版，离不开编委会成员的辛勤付出和努力。本书第一章由李思明、王玉柱、刘文舒、肖海红、唐艳强编写；第二章由陈彦良、简少卿、胡蓓娟、洪一江编写；第三、四章由郭小泽、傅雪军、曹烈、方磊、曾维农编写；第五、六章由刘文舒、曾柳根、韩学忠、曾文超、傅红梅编写。

　　本书在撰写过程中，参阅了部分国内外同行的研究成果，部分出处可能遗漏，在此表示真诚的歉意和谢意。由于编著者知识的局限，书中难免出现错误，希望读者能提供宝贵的意见和建议，共同促进相关产业的健康发展。

　　本丛书承蒙中国稻渔综合种养产业技术创新战略联盟专家委员会主任、中国科学院院士、发展中国家科学院院士、中国科学院水生生物研究所研究员桂建芳先生作序，编著者对此关爱谨表谢忱。同时，向高等教育出版社老师的指导和校稿表示衷心的感谢！

编著者

2022 年 5 月

目　录

第一章　稻渔种养水质要素 ……………………………… 1

第一节　水的物理性能 …………………………………… 1

一、温度 …………………………………………………… 1

二、透明度 ………………………………………………… 3

三、水色 …………………………………………………… 6

四、水深 …………………………………………………… 10

五、底质 …………………………………………………… 10

第二节　水的化学性能 …………………………………… 17

一、溶解氧 ………………………………………………… 17

二、pH ……………………………………………………… 20

三、氨氮 …………………………………………………… 23

四、亚硝酸盐 ……………………………………………… 24

五、硫化氢 ………………………………………………… 26

六、重金属离子 …………………………………………… 28

第三节　水的生物学性能 ………………………………… 30

一、光合作用和呼吸作用 ………………………………… 30

二、细菌 …………………………………………………… 32

三、藻类 …………………………………………………… 36

四、枝角类 ………………………………………………… 39

五、桡足类 ………………………………………………… 43

第二章 稻渔种养土壤环境 ……………………………… 45

第一节 稻田土壤肥力评价 ………………………………… 45
　　一、土壤肥力的概念 …………………………………… 45
　　二、土壤肥力评价指标 ………………………………… 45
　　三、土壤肥力评价方法 ………………………………… 47
第二节 稻田土壤安全因素 ………………………………… 49
　　一、土壤重金属污染现状 ……………………………… 49
　　二、土壤重金属污染的危害 …………………………… 49
　　三、土壤重金属污染的治理和控制技术 ……………… 53

第三章 水产苗种质量安全检测 ……………………… 57

第一节 水产苗种选择原则与方法 ………………………… 57
　　一、水产苗种来源的选择原则 ………………………… 57
　　二、水产苗种质量的选择原则及方法 ………………… 58
第二节 水产苗种安全检测指标与方法 …………………… 59
　　一、水产苗种病毒性病原检测指标与方法 …………… 59
　　二、水产苗种主要违禁药品含量检测指标与方法 …… 64

第四章 水产饲料质量安全检测 ……………………… 84

第一节 影响水产饲料安全的主要因素 …………………… 84
　　一、饲料中天然存在的有毒、有害物质 ……………… 84
　　二、微生物污染物 ……………………………………… 84
　　三、饲料配制过程中的人为因素 ……………………… 85
第二节 饲料安全管理法规及风险管理 …………………… 87
　　一、饲料原料和饲料添加剂相关法规 ………………… 87

二、饲料有毒、有害物质限量标准概况 ·················· 88

第三节　水产饲料安全检测指标与方法 ··················· 89

一、水产饲料中有机氯污染物限量及检测方法 ········· 89

二、水产饲料中天然毒素限量及检测方法 ·············· 90

三、水产饲料中重金属限量及检测方法 ················ 92

四、微生物污染物的限量及检测方法 ·················· 93

第五章　水产品质量安全检测 ··························· 95

第一节　水产品质量检测指标与方法 ···················· 95

一、主体成分 ······································ 95

二、氨基酸含量检测 ································ 100

三、脂肪酸含量检测 ································ 102

第二节　水产品安全检测指标与方法 ···················· 104

一、水产品违禁药品检测方法 ························ 104

二、水产品重金属含量检测方法 ····················· 104

三、水产品有毒、有害物质检测方法 ················· 105

第六章　稻渔水产品质量认证标准及程序 ··············· 106

第一节　绿色水产品认证 ······························· 106

一、绿色水产品的标准 ······························ 106

二、绿色水产品生产技术规范 ························ 106

三、绿色食品标志申请认证程序 ····················· 107

四、绿色食品申请材料清单 ·························· 111

第二节　有机水产品认证 ······························· 111

一、水产养殖有机认证标准 ·························· 111

二、有机食品认证程序 ······························ 117

三、有机食品认证程序的时限 …………………………………… 118

第三节　中国地理标志产品认证 …………………………………… 119

参考文献 ………………………………………………………… 121

第一章

稻渔种养水质要素

第一节　水的物理性能

一、温度

1. 水温对水产养殖品种的影响

淡水养殖品种几乎都是变温动物。水温直接影响水产动物的体温，而体温直接影响着动物体细胞的活动及体内参与代谢的酶活性，因而水温对水产动物具有极其重要的生物学意义。

水温变化的影响表现在水产动物呼吸速率和新陈代谢的改变等方面。在适温范围内，水温升高，呼吸速率增快，代谢作用增强，耗氧量增大；反之，温度的迅速变化将会导致新陈代谢速率的改变、渗透压调节和免疫系统功能低下等问题，甚至会导致水产动物体内各种酶的失活，引起鱼类的死亡。水温突变对幼鱼的影响更为严重，初孵出的鱼苗只能适应 ±2℃的温差，6 cm 左右的小鱼能适应 ±5℃的温差，超过这个范围就会发病。此外，水温的变化明显影响水中溶解氧的含量，水温升高，溶解氧减少。水温的高低对鱼类的摄食影响明显。草鱼在水温 27～32℃时摄食量最大，20℃时摄食量显著减小，水温低于 7℃时，就会停止进食；鲤鱼在水温 23～29℃时摄食最旺盛，4℃以下基本停止进食。因此鱼类的生长常表现出明显的季节性，即春季摄食量逐渐加强，夏季摄食旺盛，冬季摄食停止或基本停止。

鱼类疾病对水温的变化是很敏感的，例如，水霉病在水温低于 4℃或高于 25℃时会受到抑制；传染性造血组织坏死病在水温高于

1

15℃时，自然发病消失。在夏日最炎热的时段，用加深井水降温、多补充青绿饵料等综合措施来提高草鱼的成活率；发病的鱼苗可通过大量换深井水降温、减少饲料等"休克疗法"减少死亡。

此外，许多药物的作用也受水温影响。许多重金属盐类鱼药，如高锰酸钾、硫酸铜会随着水温升高而药效增强。许多微生态活菌制剂的功效受温度影响很大，如光合细菌在水温 20℃以下降低氨氮的能力就会大大减弱。

2. 水产养殖品种对水体的适宜温度有差异

水产动物对温度的要求不同，了解它生长的最适温度有助于提高饲料的利用率从而降低成本。稻渔综合种养常见品种的适宜温度如下。

（1）小龙虾　最适宜生长的温度为 15~30℃，孵化出的幼虾适宜的生存温度为 24℃。水温过低，容易引起小龙虾少摄食或者不摄食，从而影响小龙虾的生长，甚至死亡。水温过高，容易造成缺氧，小龙虾表现为上岸，且易多发疾病，从而造成死亡。

（2）青虾　最适生长水温为 18~30℃。18℃时开始蜕壳交配，20~25℃时在 7~25 d 产卵并孵出虾苗，19.5~24.5℃时需要 21~23 d 孵出虾苗，25~28℃时需要 14~15 d 孵出虾苗。

（3）乌龟　水温低于 10℃时冬眠，15℃时开始摄食，最适生长水温为 23~31℃。孵化温度为 24~28℃，需要 2~3 个月才能孵出稚龟，恒温 30℃左右可缩短孵化期。

（4）鳖　生长水温为 20~33℃，最适水温为 26~30℃，20℃以下及 33℃以上摄食减少，15℃以下停止摄食，10℃时冬眠。20℃时交配，交配后半个月左右产卵，孵化温度为 26~36℃。

（5）河蟹　最适生长水温为 18~30℃，15℃时少量摄食，水温低于 10℃代谢功能减弱，交配水温为 7~10℃。蚤状幼体、大眼幼体最适水温为 19~25℃。

（6）泥鳅　生长水温为 15~30℃，15℃以上开始摄食，25~27℃摄食量最旺盛，30℃以上摄食量减少，繁殖水温为 23~26℃。

（7）鲫　适应性非常强，不论是深水或浅水、流水或静水、高温水（32℃）或低温水（0℃）均能生存。最适生长水温为25～30℃，水温18℃以上可以自然产卵。

（8）鲤　适应能力强，水温15～30℃都能很好地生长，既耐寒耐缺氧，又较耐盐碱，最适生长水温为25～32℃。水温18℃以上可以自然产卵。

（9）鲢、鳙　喜高温，最适水温为23～32℃。只要水温大于0℃都能生长。一般来说，水温小于15℃生长非常缓慢。

（10）草鱼　对水温适应性较强，在0.5～38℃水中都能生存，但适宜温度为20～32℃，水温27～30℃时摄食量最大，20℃时摄食量降低，水温低于5℃停止摄食，水温低于0.5℃或高于40℃时便开始死亡。

二、透明度

光线透入水体深浅的程度以水体透明度表示。拿一个直径25 cm的黑白对半的圆盘，沉到水中，注视着它，直至看不见为止，这时圆盘下沉的深度就是水体的透明度。养殖水体透明度表示光线透入池水深浅的程度，单位用"cm"表示，它是池水质量好坏的重要标志，与养殖动物产量的高低密切相关。透明度的大小通常由池水中浮游生物量决定，可以大致表示池水的肥度。实际生产中广泛采用的方法是：将手掌弯曲，手臂伸直放入水中，当水浸到肘关节时，若能清晰地看到五指，为瘦水；若完全看不到五指，为过肥水；若能模糊地分辨出五指，为适宜水产动物生长的水体。此法简便易行，一目了然，可迅速掌握水质的肥瘦情况。

1. 影响透明度的因素

透明度随季节、水体条件的变化而变化。进入春季，当水温逐渐升高时，水产动物饲料投喂量增加，水产动物的排泄物相应增多，底部蛋白质积累，浮游生物大量繁衍，水体浑浊度升高，养殖水体的透明度降低；夏季长时间暴雨，导致水质浑浊，有机物耗氧加大，使池水浑浊度升高，透明度降低；晚秋，天气转凉，浮游生物繁殖速率减慢，池水中的浮游生物减少，浑浊度降低，透明度增大。另外，当淤泥较多，池塘混放鲤鱼等底层鱼类时，这些鱼类会在池底掘土觅食，也会使池水浑浊度升高，透明度降低。施肥与不施肥时，水体的透明度也有较大变化，施肥后水体中的浮游生物大量繁衍，透明度降低。水体富营养化，造成藻类短时间大量繁殖，随着气候变化，大量繁殖的藻类很快死亡，死亡藻类的残体释放很多有害物质败坏水质，使水体的密度变大，底质中密度小的物质上浮，悬浮于水中，导致水质浑浊。另外，水产动物身上有虫时，活动量增大，易搅动水池中底泥，造成水体浑浊。

2. 透明度对养殖的影响

当水质瘦时要多施肥，以增加水体中的营养元素，培育浮游生物，使水体透明度达到适宜范围，以利水产动物的生长；对过肥的池水则要少施肥或不施肥，使水质达到肥、活、嫩、爽的养殖要求。

水体有一定肥度，对于整个水体的稳定、水产动物的健康成长、病害的防治有着积极作用。但凡事有利有弊，因为随着水产动物生长，投饵量的增加，代谢产物、粪便、残饵蛋白质等有机物会大量堆积，尤其在养殖后期，水色逐渐变浓，就会产生以下弊端：①一些地区水源紧张，换水难，只能通过药物来控制水体透明度，用药物杀藻会对浮游动物产生刺激，用量不当会造成浮游动物大量繁殖。②水体透明度过低，底层藻类见不到阳光，不能进行光合作用，不但不能产氧，反而会耗氧，久而久之就会造成氨氮、亚硝酸盐、硫化氢等有害物质积累，造成水质恶化。③养殖后期水体透明度低，水质中虫体观察困难，在适口饵料充足情况下，短时间内轮虫大量繁殖，大量消耗藻类，导致水产动物缺氧死亡。④水质过肥时，藻类的一些代谢产物会大量积累，同时造成一些营养盐缺乏；当气候突然变化，藻类会大批死亡，造成浮游动物大量繁殖。

水产养殖动物是否健康主要还是取决于水质是否符合养殖要

求，与水质肥瘦没有本质联系。所以在养殖过程中要权衡利弊，灵活掌握水的肥度，防止养殖后期水质过肥。建议养殖前期水体透明度以 40~60 cm 为宜，而中后期水体透明度以 25~35 cm 为宜。

3. 适宜透明度的作用

（1）增加溶解氧 池水氧气主要靠池塘中的浮游植物光合作用提供。而池中浮游植物的数量与透明度密切相关，即透明度越低，池中浮游植物数量越多，则产生氧气也越多。池水中氧气含量越多，水质就越优良。

（2）为水产动物幼苗提供优质饵料，降低饵料系数 适宜的透明度表明池中水环境处于生态平衡状态，具有适应养殖水产动物的优良菌相和藻相。如有经验的鱼虾农在放鱼虾苗前，必定肥水，培养好基础饵料生物。在放鱼虾苗后根据投苗数量和密度，在一段时间内，科学搭配营养饲料，通常为 20 d 左右，可以节省人工配合饲料的投喂量，促进鱼虾健康生长。

（3）降低透明度，避免藻类的生长 适宜的透明度能阻止阳光直射池底，减少藻类生长和繁殖。如鱼虾养殖过程中，若池中透明度大，特别是能用肉眼看到池底时，池底很容易在短时间内长出大型藻类。这些藻类会破坏水体生态平衡、污染水质，影响鱼虾生长和养殖，甚至导致养殖失败。

（4）防止水产动物产生应激反应，起防病作用 水产养殖最怕疾病发生，而养殖环境恶化引起的水产动物缺氧和应激反应是其发病的主要原因之一。

4. 养殖水透明度调节方法

（1）放苗前肥水 幼苗放养前必须肥水培养基础饵料生物。通过肥水，可使水体中浮游植物保持一个适当的密度和旺盛的生长状态，大量吸收水体中的代谢物——氮和二氧化碳，并产生氧气，促进水体中正常的物质循环，以达到水体的自我更新。新建水池可用经发酵的有机肥和生物肥，老池选用生物肥或植物肥及无机肥较好。施肥 5~7 d 后，当池水透明度达 30 cm 左右时，应停止施肥；在中后期视透明度情况分别补施和追肥，使透明度达到水质要求。通过肥水，培养出适宜的透明度，为水产养殖成功打下良好基础。

（2）使用微生物制剂　调节透明度是为了维持水体的生态平衡，应坚持走生态健康养殖之路。目前使用的微生物制剂，主要是以芽孢杆菌为主导菌的水底质调节的微生物制剂。如微生物制剂中的有益细菌进入鱼虾池后，发挥其氧化、氮化、硝化、反硝化、硫化、固氮等作用，把鱼虾的排泄物、残存饲料、生物尸体等有机物迅速分解为二氧化碳、硝酸盐、磷酸盐、硫酸盐等，为单细胞藻类提供营养，促进单细胞藻类繁殖和生长，同时自身迅速繁殖为优势菌种，抑制病原微生物的滋长。单细胞藻类的光合作用又为有机物的氧化分解、微生物呼吸、鱼虾的呼吸提供氧气。循环往复，构成一个良性生态循环，使鱼虾池的菌相和藻相达到平衡，维持稳定的透明度，营造良好的养殖水质环境。

（3）及时发现问题及时处理　必须每天巡塘，观察透明度，做到及时发现问题及时处理。

三、水色

水色是水质特点的直观表现，根据水色判断水质从而进行水质调节对于水产养殖有着重要意义。水产养殖中，水质的优劣是决定养殖效益的关键因素。水质的优劣是通过水色表现出来的，而水色又是由浮游生物的种类和数量、有机溶解物、悬浮颗粒的多寡等因素反映出来的。因此，了解与掌握养殖水体的水色变化，并通过科学调控技术措施来达到所要求的水色，是水产养殖中的一项重要技术措施。在养殖生产的全过程，广大养殖者可通过分析水色变化的原因，及时采取针对性的调控措施，阻止水体环境恶化，控制养殖病害的发生和蔓延，确保养殖动物健康快速生长。

1. 水产养殖优质水色的种类及保持措施

在水产养殖的主要品种鱼、虾、蟹的养殖中，优质的水色大致可分为下列五种：淡绿色、翠绿色、茶褐色、黄绿色、浓绿色。

（1）淡绿色、翠绿色水色的特点及调控技术

① 特点 这两种水色在鱼、虾、蟹养殖中，都是希望得到的最佳水色，尤其在幼体阶段的养殖中更为需要。这两种水色中富含金藻门、绿藻门中的小球藻、栅藻、板星藻等藻类。这些藻类富含营养盐类及维生素，并易于作为营养物被消化吸收；同时通过光合作用，可向水中提供溶解氧。这两种水色的水体，透明度在 20~30 cm，水质稳定，水中有机、无机悬浮物较少，水产养殖中所要求的"肥而爽"之水质，即为这两种水色的水质，这是保证取得良好养殖效益的优质水色。

② 培育和保持淡绿色、翠绿色水色的调控技术

a. 清塘后投放有机肥培育水质，视塘口底泥肥沃程度，用量在 1 500~2 250 kg/hm^2。

b. 养殖过程中，遇到水色由淡绿色、翠绿色变浓变深，可适当添注新水稀释调节，达到较长时间内保持水色的状态。

（2）茶褐色、黄绿色水色的特点及调控技术

① 特点 这两种水色的水中，浮游植物中硅藻门种类为优势种群，并有部分绿藻，如新月藻、舟形藻、褐指藻、甲藻为主。这些藻类中的色素呈褐色或茶褐色。这两种水色中的藻类易于鱼类消化吸收，且营养丰富，富含钙、镁、铁等无机盐及多种维生素。水中溶解氧丰富，有毒有害物质稀少，宜于鱼类生长发育，且病害发生率低。在苗种养殖阶段，这两种水色水质为最佳水质。但是，这两种水色的缺点是持续时间较短，一般在 10~15 d，之后易于转换成其他水色。

② 培养和保持茶褐色、黄绿色水色的调控技术

a. 适时添注新水，在养殖旺期，每2~3 d加注新水一次，每次注水量为养殖水体总量的 1/10 左右。

b. 适时追肥，追肥可用腐熟后的有机肥和含磷、镁、钙成分的化肥，如磷酸氢钙等。由于硅藻需要的营养元素得到补充，促进了

硅藻的生长发育，可使该水色持续较长时间。

（3）浓绿色水色的特点及调控技术

① 特点　这种水色呈深绿色，且浓度加大，因此透明度较低，一般不足 15 cm，水中的藻类以绿藻门为主，如螺旋藻、衣藻等。这种水色水质较肥，且较稳定，可持续较长时间，气候变化对其影响不大。在养殖盛期的塘口水体中，大多为这种水色。在浓绿色水中，藻类日趋老化，但光合作用较强，产氧功能好，并仍可被消化吸收，所以在成鱼养殖中仍属良好水质之列。但是在养殖高温季节，这种水色水质要注意加注新水调节，以防由于残饵及排泄物增加，致使水质进一步变浓，造成水体底部氨氮、亚硝酸盐等有害物质浓度加大，水中溶解氧减少，水质变坏，从而使养殖效果降低，甚至会引发疾病，造成养殖损失。

② 控制调节浓绿色水色的技术措施

a. 每日加注新水降低水色浓度，加水量为水体总量的 5%～10%。

b. 适当降低投饲量。

c. 泼洒沸石粉或生石灰调整水色，用量为 0.1 kg/m^3。

2. 劣质水色的种类、特点及调控技术

（1）蓝绿色水色的特点及调控技术

① 特点　这种水色由于蓝藻门中的藻类大量繁殖（主要是微囊藻所致），水质浑浊、浓厚，在塘口下风处的水中有大量蓝绿色悬浮颗粒，水表层有带状、云状蓝绿色藻群聚集，形成油膜，并有气泡出现（俗称水华），而在水体的下层，水质则很清瘦。当水温达到 28℃以上后，藻类会陆续死亡，产生毒素，破坏水质。在高温季节的 7—8 月，养殖密度过大的水体大多会产生这种水色。蓝绿色水质持续时间过长、浓度过大后，会对水产养殖造成极大危害，易暴发疾病，造成成批死亡现象，给养殖生产带来巨大损失。

② 消除控制蓝绿色水色水质的技术措施

a. 使用二氧化氯 0.1 g/m^3，加沸石粉 10 g/m^3，全塘泼洒，连续

1～3 d，可有效消除蓝藻，改善水色水质状况。

b. 排放法：在养殖水体出水口上方，开口放出表层水，将蓝绿藻排出塘口外，连续 2～3 d。或用人工密网在下风处捞除。

c. 待蓝绿色水色减淡后，施用磷酸氢钙，重新培育成优质水色。

（2）黑褐色水色的特点及调控技术

① 特点　这种水色又称酱油色水，呈黑褐色或深红褐色、深黄褐色。形成这种水色的主要原因是由于养殖中后期，投饲后残饵、排泄物过多，有机物在塘底腐败分解，形成富营养化水质，水中悬浮有机物增多，水质老化恶化，毒物积累增多。这种水色的水中，鞭毛藻、裸藻为优势种群，这些藻类可分泌毒素。在毒素作用下，养殖对象会暴发疾病，以至中毒死亡。其中以对蟹塘、虾塘的危害最甚。

② 消除控制黑褐色水色水质的技术措施

a. 立即减少或停喂饲料，加注新水。

b. 施用以酵母菌、枯草芽孢杆菌为主要菌类的生物制剂，3～5 d 即可有效消除该不良水色。

c. 开动增氧机，增氧曝气，降低毒素浓度。

（3）清澈水色的特点及调控技术

① 特点　这种水色的水有两种情况：一是青苔水，即水体底部长满青苔，使水质变清瘦，水中缺乏营养盐类，有益藻类绝生，养殖幼体进入青苔水很难成活；二是黑清水，水色透明见底，但呈黑色，并散发有腥臭味。水中浮游植物绝迹，有大量大型浮游动物出现，养殖上称"转水"。黑清水是不宜进行养殖的水体。

② 消除控制清澈水色水质的技术措施

a. 青苔水的调控技术措施：首先，要抑制青苔生长。可用有机肥挂袋的办法，将发酵腐熟的有机肥（如鸡粪）装袋后，定置悬挂在生长茂盛的青苔上方，待浮游植物大量繁殖、遮蔽青苔生长的阳光后，青苔自然死去，水色可逐渐变绿。其次，泼洒生物制剂可调节水色，恢复到淡绿色好水。

　　b. 黑清水的调控技术措施：首先，全塘泼洒敌百虫制剂，浓度为 1 g/m³，杀灭大型浮游动物。其次，加换新水，并泼洒生石灰（化水后），用量为 45 ~ 60 g/m³。最后，泼洒有机肥或无机肥，增加营养盐类物质，调控到较好水色水质。经上述措施，一般 5 ~ 7 d 水色可转为淡绿色。

　　（4）黑色水色的特点及调控技术　池水发黑是养殖水体老化的明显标志，颜色越深，说明老化的程度越重。该种水色由池中残饵、粪便、腐殖质和动物尸体的大量积累，未得到及时转化而沉入池底腐败分解，消耗了溶解氧，产生了大量氨氮、硫化氢、亚硝酸盐等有害物质，致使底泥发黑、发臭，造成养殖动物机体免疫力下降，极易遭受病原微生物的侵袭而引发疾病，甚至导致死亡。需要清塘处理，移除多余的底泥。

　　（5）红色水色的特点及调控技术　红色水色的形成主要是由硅甲藻、金藻占据优势藻群，造成其他有益藻群总量下降所致；或由原生动物突然大量繁殖，造成浮游植物数量锐减，酸碱度降低，溶解氧下降而产生。养殖池水变红后，一旦遇到天气突变，藻类就会大量死亡并产生生物毒素，致使池水突变恶化，直接影响养殖动物的生长，甚至中毒死亡。

四、水深

　　水深决定蓄水量多少，即养殖用水体积多少影响着水体的上下循环能力。

　　不同养殖阶段对水深要求不同，如苗种池 80 ~ 100 cm，商品鱼池 150 ~ 300 cm。养鱼池超过 300 cm 深、湖库 10 m 以下的水体，一般来说为无效水体。

五、底质

　　水体是水产动物生长、生存和生活的环境，然而底质与水的相互作用能够强烈地影响水质，要使水池养殖得以可持续发展，合理保护水池水土资源，就必须改良与修复恶化的底质。

1. 底质的主要特性

底质不仅作为养殖用水池、各种化学物质的储存库，还是植物、动物和微生物的栖息地以及营养素再循环中心。水中悬浮固体、施用肥料和未摄食的残饵及水体中植物、动物的尸体等物质不断沉入水池底部，也可通过离子交换、吸附和沉淀作用而进入底质的土壤固相，进入底质的物质被永久地储存起来，或者可以通过物理、化学或生物学方法转化为其他物质并从水池生态系统中流失。沉积在水池底部的有机物质通常分解为无机碳并以二氧化碳的形式释放到水中，含氮化合物会被底质中的微生物脱氮并以氮气的形式流失到大气中，而磷则被底质吸附后淹埋在沉淀物里进入可利用磷库的循环，含硫化合物经过还原菌的作用产生硫化氢，进而与底质中的金属离子（铁、锰等）结合，变成黑色硫化物沉降于底质。

底质土壤是部分细菌、真菌、高等水生植物、小型无脊椎动物和其他底栖生物的生活场所。此外，甲壳动物以及底栖鱼类大部分时间也生活在底部，许多鱼类还在底部建巢和产卵。微生物的分解作用在底质营养素循环中占有很重要的地位，因为通过分解作用，有机物质被氧化成二氧化碳和氨，并释放出其他矿物营养素，这样，通过微生物，碳、氮和其他元素被矿化或再循环，它们仍可以被利用。但是如果某种营养素的平衡浓度太低则不利于浮游植物的生长，或者某种重金属元素的平衡浓度太高就可以引起水生动物中毒。

底质土壤的颗粒大小与质地、pH、有机物质特性、氮浓度和碳氮比以及沉淀物的深度、营养素的浓度等都相关，可以影响养殖底质的管理。具有活性的底质土壤组分应是具有电荷和巨大表面积的黏土颗粒和具有生物学可利用性、高度化学活性的有机物质。底质的特性与水产养殖产量是密切相关的，不同的底质水生动物的生长发育以及水质指标也是不同的。

2. 底质恶化的危害

水池经过一段时间的养殖，一部分残饵、粪便、肥料、死藻等有机颗粒物沉入池底，以及发酵分解后的死亡生物，与池底泥沙等物混合形成底泥。一定厚度的底泥能起到供肥、保肥及调节和缓冲水池水质突变的作用。

底泥中的有机腐败物质及分解消耗溶解氧产生的二氧化碳、氨氮、亚硝酸盐、硫化氢和多种有机酸等有害物质，是病原微生物的良好培养基或各种寄生虫虫卵潜藏住所。底泥过厚，底质恶化对鱼类可以产生严重的危害，而且这种危害大多数情况下是间接的。投饵的水池中，剩余饵料和鱼虾的排泄废物引起水池中浮游植物的大量繁殖，这些浮游植物控制着水池中的溶解氧变化。白天它们通过光合作用产生的氧气大于呼吸作用的耗氧，溶解氧浓度较高，夜间刚好相反。随着大量饵料的投入，在我们的养殖过程中特别是养殖后期，藻华现象非常普遍。此外，底质有机物质浓度过高，就会有利于水池底部形成厌氧条件，导致微生物有毒代谢物的产生，氨氮、亚硝酸盐等有害物质升高，又进一步加剧了池底变黑、变臭，水质恶化，寄生虫、病菌大量繁殖。所以说底质、水质、病害密切相关。

3. 不良底质常见类型

（1）酸臭、腥臭底质　池底腐败的有机质过多，主要是由于清池不彻底、养殖过程投饵过剩、没有采取措施定期改良底质等。另外，增氧措施不足，又没有定期抛撒增氧剂，使得有机质没有得到充分氧化分解，产生大量有毒中间产物，如氨氮、亚硝酸盐、硫化氢、甲烷等，严重时底质会产生大量有害气体，出现"冒泡"现象。

（2）"泥皮"底质　大量老化死亡藻类和悬浮胶体沉积物沉淀于底部，在微生物作用后，会变成浮皮，并在水体表面形成大量泡沫等。

（3）板结底质　多次大量使用化肥肥水、过量使用硫酸铜杀虫杀藻剂、大量使用生石灰等药物，造成底质板结，底质与水体之间气体、营养元素的交换被阻隔，水环境缓冲能力减弱，水质变化无常，水产动物容易产生应激反应。

（4）"浑浊"底质　有机质残留过多，且得不到充分氧化分解，以胶体形式释放并悬浮于水体中，造成水质"浑浊"；或养殖密度过大，水产动物在底部不断骚动，引起水质"浑浊"；或因暴雨夹带大量黏土浆，引起水质"浑浊"。"浑浊"水质中悬浮物沉降到底部，必然引起底质"浑浊"；另外，"浑浊"水质会遮蔽藻类光合作用，使水体自净能力减弱，使病原微生物大量繁殖，造成病害。

（5）"丝藻"底质　底质与水体之间营养元素的交换被阻隔，致使水体营养元素的不平衡或缺乏，出现水质一夜之间变清的现象，水质过瘦，清澈见底，底部丝状藻、青泥苔大量繁殖。

（6）"偷死"底质　由于底部长时期缺氧，致使氨氮、亚硝酸盐、硫化氢、甲烷、有机酸等有害物质累积过多，使水产动物中毒死亡，收获时发现底部大量残尸。

4. 底质恶化的主要因素

（1）在养殖期间，有机质残留过多，底部缺氧，是底质恶化的最主要因素。残饵、粪便、生物尸体等有机质残留，使得生物耗氧和化学耗氧剧增，水体底部溶解氧无法满足耗氧量，从而造成底质缺氧，厌氧菌大量繁殖，分解底部有机质而产生大量有毒中间产物，如氨氮、亚硝酸盐、硫化氢、甲烷、有机酸等有害物质。这些有毒物对水产动物有很大的毒害作用，同时又会造成致病菌大量繁殖，缺氧浮头等。

（2）大量频繁使用化学消毒剂、农药杀虫剂、杀藻剂等，从而破坏水体及底质自净能力。

（3）清池不彻底，晒池时间过短，清池所使用的药物不当以及清池造成的过多药物残留等。

5. 底质常见改良方法

生产中多注重水体改良，而没有重视底层水是否低氧，底泥是否发臭。生产中经常遇到的鱼类"浮头"或"泛池"，很多都是底质恶化的结果，如果底质好即使出现暴雨等异常天气，也不会造成溶解氧的迅速降低或有害物质的迅速升高。溶解氧低不仅造成养殖动物生存困难，而且影响养殖动物摄食及消化率，还可造成水体中有害的还原性物质（氨氮、硫化物等）升高及致病细菌增多，从而影响水体的稳定及养殖动物的生长及抗病力等。因此底质修复和改良有重要意义。

（1）生物方法   利用生物来修复养殖池底质，减少底质有机物的积累也能取得显著效果。据报道，在老化污染的虾池中养殖沙蚕等底栖生物，并培育成优势种群，可大量摄食虾池中的残饵、粪便以及其他生物尸体和有机碎屑，减缓虾池底部有机物的积累。而且沙蚕营穴居生活，其刚毛的不断划动可形成一个个小的水流循环，能增加底质中的溶解氧。

光合细菌以及复合益生菌等微生物制剂也能对底质进行改良。光合细菌可以在光线微弱、有机物、硫化氢等丰富的池底繁衍，并利用这些物质建造自身，而其本身又被其他动物捕食，构成了养殖池中物质循环和食物链的重要环节。所以光合细菌特别是在池底污染严重或因水质不良又不能换水的封闭式养殖池，可发挥出较明显的作用。复合型微生物底质改良剂，能发挥各菌种的协同作用，将残饵、排泄物、动植物尸体等影响底质变坏的隐患及时分解消除，不仅改善了底质和水质，而且控制了病原微生物及其病害的蔓延扩散。

（2）物理方法   清池挖淤，一般在冬季或早春等生产闲季进行。大多采用先排干池水，然后用水力挖池机组清理淤泥。此法成本低、适应性强，但作业时需要有水源和较大的荒地或浅滩用于排放泥浆，让其沉淀。为保持良好水质，每隔 1～2 年应清除 10～20 cm 呈暗黑色的底泥。池底再经过冰冻日晒，促进有机物质的分解，消灭病原体和其他有害生物。在此期间还可进行水池的修整加固、堵塞漏洞、维修闸门和铲除杂草等工作。

生产上有时需要在不排干池水的情况下进行清淤，目前使用的清淤机械大致可分为两大类型：船式清淤机和潜水式清淤机。船式清淤机的主要工作部件均装在船上，只有吸泥头沉在水下，可在养殖期内清除池底淤泥，排吸作业连续；潜水式清淤机整个工作部件均潜入池底，在淤泥表层边行走，边进行吸泥作业。但由于整机在水下作业，对动力机的防水密封要求较高，维修技术难度大，用户自行保养、修理不便。

除了清淤外，经常搅动池底，翻松池底的淤泥，并使池水上下混合，也能促进水池底部有机质的分解，并重新释放出底泥中沉积的营养盐类，恢复营养物质在水池上下水层的均衡分布，促进浮游生物的生长繁殖，从而可以防止池底老化；通过开增氧机曝气也可改善底部环境，减缓黑化过程。

（3）化学方法　最常用的就是生石灰清池。生石灰遇水后发生化学反应，放出大量的热能，中和淤泥中的各种有机酸，改变酸性环境，从而可以起到除害杀菌、施肥、改善底质和水质的作用。使用时可干池清池或带水清池。带水清池一般是在总碱度、总硬度及 pH 都偏低的水池，及时合理地施用生石灰；而池水和底质中钙离子浓度较大、碱度较高，则不必施生石灰；在有机物质贫乏的养殖池不宜单施生石灰，否则会加剧有机物的分解，使有机物积存更少，水池肥力进一步下降，恢复更为困难。

除生石灰外，还可选用化学复合型底质改良剂。如一种主要成分为过氧化钙（CaO_2）的白色颗粒状"底层水质改良剂"，投入水中能迅速增氧，促进硝化作用，降低水中的氨氮、亚硝酸盐、硫化物的含量，还能补充生物生长所需的钙，并使底质疏松透气，有利于有机物质的完全分解。目前，一种新型亚硝酸根离子去除剂——亚硝酸螯合剂（BRT）及其盐类具有降解池水中亚硝酸态氮及氨态氮，螯合池水中的有机物，消除池水及池底中所含重金属离子的污染等，可用做水池土壤改良剂、底质改良剂及底质活化剂。

（4）其他　淤泥沉积速度与施肥、投饵等饲养管理措施直接相关。在生产中努力做到看水施肥，切忌过量；按照生态互补原则合理混养、密养；投饲量根据季节、气候、生长情况和水环境变化灵活掌握；在饲料中添加诱食剂、促长剂等，增强水产动物的食欲，促进饲料营养的吸收转化，降低饵料系数，从源头上解决排泄物对底质和水质的污染；防治水草（特别是丝状藻）大量生长，及时捞出过多或死亡的水草，以防腐烂变质；有条件的可向黑化区域泼洒炼铁炉渣（一般 1.5 kg/m³），以延缓黑化过程，并降低危害。

另外，如果干池期较长，可考虑把水产养殖和农作物进行轮作。这样可以使淤泥更充分地干透，靠陆生作物发达的根系，使土壤充分与空气接触，有利于有机物的矿化分解，更好地改良池底，同时，还可以获得农作物本身的经济价值。另外，生长的青绿作物和牧草还可作为水池的优良绿肥和鱼类的饲料。

底质的缓冲能力、自净能力、生产性能、抗逆性能是水池养殖成败的关键。"成也底质，败也底质"对于水池养殖业而言一点都不为过。要使水池养殖业得以可持续发展，克服连作障碍，底质定期改良须引起水池养殖者们足够的重视。

6. 常见的底质改良剂

（1）吸附型 如沸石粉、麦饭石、活性炭等，只是简单的物理吸附水中的氨氮、亚硝酸盐、有机物质等有害物质，用后水会变得清爽，但对有害物质本身的特性并没有改变，只是浓缩于其中，且沉降到池底加重了底臭。

（2）絮凝型 以聚合氯化铝、硫酸铝、明矾等絮凝剂为代表，用后水体会分层，中上部水体会变得澄清，底层会有大量云雾状的絮凝胶状物，故在生产上使用后会加重底层缺氧，不建议大量使用。

（3）活菌降解型 目前市面上有很多生物底质改良剂，主要以各种微生物作为活菌载体，有时还会添加腐殖酸钠、微量元素等。

一类是以枯草芽孢杆菌、硝化细菌、反硝化细菌等耗氧型活菌为主的，必须在高氧环境下，才会发挥其功效，而且这类生物底质改良剂在使用中会大量耗氧，尤其是底层老化水池及无增氧设备的水池慎用。另一类是以光合细菌、乳酸菌、酵母等厌氧菌为主的，但常被忽视。以酵母为例，其改良底质的过程就是发酵的过程，这种发酵尽管是厌氧发酵，但也产能发热，这种因发酵导致的底热引起缺氧的现象，会因底层残饵粪便等有机物越多而越为明显，危害越大，故生产上在使用活菌底质改良剂时，应酌情避开高温雨季。另外，许多老池底层过多的有机质，除了会引起底臭，还会滋生大量的原虫（如纤毛虫、轮虫、枝角类、桡足类），若选用活菌改良底质，这些浮游动物会直接把活菌当饵料而摄食，从而加快浮游动物的繁殖。藻类与自养型微生物如光合细菌以及硝化细菌有竞争作用，因而藻类过多时不利于这些菌的繁殖，从而影响改良底质的效果。

（4）离子交换型 如以含 EDTA 或以硫代硫酸钠为主的产品，用于降低水中或底层氨氮重金属的阳离子有害物质，或用于含溴氯碘化合物、高锰酸钾等阳性氧化物中毒时解毒，效果较为理想，但对水中或底层带负电荷的酸性有害物质（有机物质）效果很差。

（5）化学降解型 以各种卤素类、碱性金属盐类等氧化剂以及一些表面活性剂类为主的底质改良剂。同一类型产品的好与坏一般看其水解释放得快与慢，水解越快刺激性越大，水解越慢刺激性越小，另外这一类产品不受天气、水温等环境因素的影响，生产上应用较为广泛。

第二节 水的化学性能

一、溶解氧

1. 溶解氧的含义

溶解氧（dissolved oxygen，DO）是氧气溶于水中的存在形式。

溶解氧是养殖动物氧气需求的来源，是养殖动物生存及正常生理活动的最根本保证，溶解氧可以氧化残留有机物质和水体、塘底的有害物质。溶解氧越高，有害物质浓度越低，溶解氧有利于促进池水生态中的物质正常循环从而活化水质。总而言之，溶解氧对于水产养殖是一个重要的因素。

2. 溶解氧的来源

（1）光合作用　水中富有藻类和水生植物，白天阳光充足时光合作用会产生大量氧气，养殖水体中 70% 的溶解氧来源于藻类的光合作用。可见培养良好的水色和稳定的藻相对于丰富溶解氧的重要性。

（2）空气中氧气的溶解作用　养殖水体溶解氧未饱和时，常是夜间和清晨表层水溶解氧含量低的时候。空气中的氧气作用扩散，可增加表层水中的溶解氧水平。当水质嫩爽时，水体对空气中的氧气溶解性好。但当水质老化黏滑，水的溶解氧透氧性就差。降低水面张力，通透水体，增加水体对氧气的溶解速率和溶解能力，也是增加水体溶解氧的一个好办法。

（3）人为机械增氧　通常用增氧机，通过搅动水面水体，使被搅动的水体夹杂着空气回到池塘，从而达到增加溶解氧的目的。加注溶解氧高的新水，播撒各类增氧药品也是一个增加溶解氧的渠道。

3. 造成养殖水体溶解氧不足的因素

（1）藻类因素　藻相不稳定，水色清，缺少藻类光合作用，产氧量少。藻相老化或者死藻，没有产氧能力或者能力低下。养殖水体过肥，水中浮游藻类非常丰富，藻类夜间需要呼吸，所以容易在夜间造成水中的溶解氧不足。

（2）养殖密度过大因素　水生动物的呼吸作用加大，生物耗氧也大。当呼吸作用大于溶解氧产出时，就会出现缺氧应激，或者缺氧死亡。

（3）天气及时间段因素　溶解氧一般白天多，夜晚和黎明少，晴天多，雨天和阴天少。

（4）有机物质因素 有机物质越多，细菌就越活跃，细菌对有机物质的分解过程需要消耗大量氧气，造成短时间内水中溶解氧大量消耗。实验证明，溶解氧有54%以上是被有机物质的细菌分解作用消耗的。所以在养殖中，如果发现塘底比较黑，淤泥比较厚，就需要使用一些底质改良类产品进行调节。尽量使用季铵盐或者季磷盐这一类制剂进行底质改良。少用或者不用沸石粉、白云石粉、聚合氧化铝、聚丙烯酰胺、明矾等吸附性材料作为底质改良用品，这类通常治标不治本。

（5）温度因素 水中的溶解氧会随着温度升高而降低。同时高温状态下，水产动物及其他生物代谢水平提高，耗氧量也增加。容易造成水体溶解氧含量不足。

（6）水深因素 由于水深影响了阳光的穿透性，藻类又有趋光性，这就容易造成水体中的溶解氧浓度不均匀分层。

（7）有害气体 如硫化氢、氨氮、亚硝酸盐等较多，也会影响水体中的溶解氧含量。

4. 溶解氧对有毒物质的作用

水中保持足够的溶解氧可有效抑制有毒物质的生成，降低有毒物质（如氨氮、亚硝酸盐、硫化氢等）的含量。在充足溶解氧的情况下，水中有机物质腐烂后产生鱼虾有害物质氨和硫化氢，经微生物耗氧分解，氨会转化成亚硝酸盐，再转化成硝酸盐，硫化氢则转化成硫酸盐。所以水中溶解氧足，在某种程度来说，还能提供解毒作用。

5. 如何控制好溶解氧

（1）选择优质饲料，减少残饵。不过量投喂，减少粪便排放量，减少细菌的耗氧量。

（2）确定合理密度，避免盲目追求高产量、高密度。

（3）定期改良底质，能及时分解有机物质，减少底部耗氧量。

（4）养殖中保持良好的藻相。由于溶解氧大多来自藻类的光合作用，故要保持比较好的藻相，让溶解氧的来源得到充分维护。

（5）若水质黏滑，泡沫多，水质腥臭，说明水的张力大，通透性差，这时候空气中的氧气很难进入水体中。使用一些破坏水面张力的制剂或使用增氧机可以解决。

（6）合理使用增氧机增氧。

（7）在泼洒有益菌制剂后，要打开增氧机，因为有益菌分解有机物质需要耗氧。

（8）常按比例补充新鲜水。

二、pH

水体 pH、氨氮、亚硝酸盐、溶解氧等都是影响水产养殖水体质量的重要指标。其中，pH 是反映水体水质状况的一个综合指标，是影响鱼类活动的一个重要综合因素。pH 过高或过低，都会直接危害鱼类，导致生理功能紊乱，影响其生长或引起其他疾病的发生，甚至死亡。因此，在水产养殖过程中，pH 的调控就显得非常重要。

从事水产养殖的水体，pH 变化较大，多为 7.5 ~ 9.0。pH 是调节水化学状态及生物生理活动的一个极为重要的水质因子，是养殖水域生态的一个重要因素。

1. 水体中 pH 变化的原因

pH 及其变化幅度主要取决于这一水体中的缓冲能力，这个能力与水中二氧化碳（CO_2）平衡系统有着密切关系。这一平衡系统涉及气体溶解与逸散、沉淀生成与溶解及不同形式酸碱之间的反应转化，是多方面因素相互影响的结果。其中，CO_2–HCO_3^-–CO_3^{2-} 及 Ca^{2+}–$CaCO_3$ 是两个重要的缓冲系统，对养殖水体 pH 与稳定性有决定性的影响。此两个缓冲系统与养殖水体中动植物的光合作用和呼吸作用有着密切的关系。

水体中的浮游植物光合作用迅速消耗水中 CO_2 时，水中积累 CO_3^{2-} 甚至 OH^-，导致水的 pH 升高；反之，在浮游动物、水生动物呼吸及有机物质分解过程中，有 CO_2 的生成和积累，水的 pH 降低。所以，池塘中由于浮游植物密度大，白天表层光合作用强，pH 上升，而夜间由于浮游动物、水产动物呼吸作用而导致 pH 下降，形成较大的昼夜差。

2. 池塘中 pH 的变化规律

养殖水体是由浮游生物、细菌、有机物质、无机物质、养殖对象等组成的整体，生命活动时刻在进行，水质指标也跟着在变化。养殖用水在一般情况下，日出时随着光合作用的加强，pH 开始逐渐上升，16：30—17：30 达最大值；太阳落山后，光合作用减弱，呼吸作用加强，pH 开始下降，直至翌日日出前至最小值，如此循环往复，pH 的日正常变化幅度为 0.3 ~ 0.5，若超出此范围，则水体有异常情况。

3. pH 的调控

（1）偏碱性（pH > 9.5）水质的调控　生产过程中，当 pH 过高时应采用以下几种方法进行调节。

① 可每公顷用乙酸 7 500 mL 或用盐酸 6 000 mL 充分稀释后全池泼洒。

② 可适当排出池底部老水（一般 15 ~ 20 cm），然后再向池塘注入新水至原来的水位，在 2 ~ 3 d 后使用微生物制剂调节水质。

③ 泼洒沸石粉、滑石粉或其他化学制剂，如氯化钙（$CaCl_2$）、磷酸二氢钠（NaH_2PO_3）等以降低 pH。

④ 养殖水体中浮游生物过多时，可用明矾 7.5 ~ 15.0 kg/hm² 或灭藻灵、硫酸铜等来控制浮游生物大量繁殖以减少光合作用强烈时引起的 pH 进一步升高，但在高温季节应慎用硫酸铜。使用上述化学制剂后应使用增氧机增氧。

（2）偏酸性（pH < 6.5）水质的调控　未受外界酸性物质污染的水体（如水体缺氧、有机物质偏多、水质过肥），其水体 pH 偏低是水质不良的表现，调控方法如下。

① 用生石灰全池泼洒提高 pH，一般用 20 mg/L 的生石灰可提

高 pH 0.5 左右，生石灰还可补充水中钙离子，提高水的缓冲力，起到杀菌防病作用。

②使用藻类生长素，加速培育浮游植物，消耗水体过多 CO_2，提高池水的 pH。施用微生物制剂和水质改良剂改善水质。用氢氧化钠充分稀释后全池泼洒。

4. pH 的变化对水质及养殖动物的影响

（1）对水质的影响　主要影响水中物质的存在形式及转化过程。

pH 的改变不仅会引起水中一些化学物质含量的变化，同时还会引起许多物质形态的改变，特别是一些有毒物质存在形式的改变，导致毒性的改变而间接影响鱼类的生命活动。例如，pH 升高，可使无毒的 NH_4^+ 向 NH_3 转化，氨氮含量增加，毒性增强；pH 降低，可使无毒的 HS^- 生成 H_2S 而具有毒性。

pH 的变化会影响水中悬浮粒子、胶体及蛋白质等的带电状态，导致吸附、解吸、沉聚等，同时还会破坏水体浮游植物生产的最重要的物质基础——磷酸盐和无机氮合物的供应以及 Fe、C 等元素的吸收，从而导致光合作用及各类微生物的活动受到影响，最终引起鱼产量的下降。

（2）对养殖动物的影响　如直接影响鱼虾的生产性能。水体若呈酸性，一般指 pH 小于 6，水体中有许多死藻或濒死的藻细胞。鱼虾体色明显发白，水生植物呈现褐色或白色，水体透明度明显增加。

在酸性水体中，会使鱼虾血液的 pH 下降，降低其载氧能力，使鱼虾在较高溶解氧的环境中也会发生浮头，即生理性缺氧。鱼虾不爱活动，新陈代谢慢，摄食量减少，消化率下降，生长受抑制，成活率降低。因此，在生产过程中，为了使鱼虾用水的 pH 稳定在一定范围，常添加水质改良剂或菌类等物质，加强养殖水体的缓冲能力。

总之，养殖水体 pH 应尽量保持在 7.5~8.5 的微碱性才有利于养殖动物的正常生长发育，有利于饲料利用率，减少养殖动物排泄量，降低对水质的污染，节省生产成本，提高生产性能。

三、氨氮

氨氮是指水中以游离氨（NH_3）和铵离子（NH_4^+）形式存在的氮。自然地表水体和地下水体中主要以硝酸盐氮（NO_3^-）为主，以游离氨（NH_3）和铵离子（NH_4^+）形式存在的氮。

氨氮是水体中的营养素，可导致水体富营养化现象产生，是水体中的主要耗氧污染物，对鱼虾类及某些水生生物有毒害。氨氮毒性与池水的 pH 及水温有密切关系，一般情况，pH 及水温越高，毒性越强。

1. 养殖水体氨的来源

（1）养殖动物的排泄物、残饵、浮游生物残骸等分解后产生的氮大部分以氨的形式存在。

（2）水体缺氧时，含氮有机物、硝酸盐、亚硝酸盐在厌氧菌的作用下，发生反硝化作用产生氨。

（3）养殖动物的鳃和水中浮游生物存在旺盛的泌氨作用，是水中氨的另一来源。养殖密度增加，泌氨作用也大幅提高。

2. 分子氨对养殖动物的毒性机制

分子氨对养殖动物是极毒的，其毒性产生的原因在于：水体氨的浓度过高时，氨就可以通过体表渗透和吸收进入组织细胞内，与三羧酸循环的中间产物 α- 酮戊二酸结合，产生谷氨酸和谷氨酰胺，α- 酮戊二酸不断被消耗，又不能及时得到补充，使组织细胞的三羧酸循环受到抑制，高能磷酸键降低，有氧呼吸减弱，结果导致细胞活动障碍，继而发生一系列病理变化。简单来说就是降低养殖动物的血液载氧能力；破坏鳃表皮组织，导致氧气和废物交换不畅而窒息。

3. 养殖动物氨中毒后的病理变化、表现症状及危害

氨氮中毒后的病变表现为肝、胰、胃等内脏受损，胃、肠道的黏膜肿胀、肠壁软而透明。黏膜受损后易继发炎症感染，分泌大量黏液。鳃黏膜及其结构、功能受损，黏液增多、呼吸障碍。表现症

状主要为摄食降低，生长减慢；组织损伤，表现亢奋，在水表层游动或丧失平衡、抽搐，更甚者会死亡。池塘水体氨的浓度长期过高，最大的危害是抑制养殖动物生长、繁殖，中毒严重的甚至死亡。

4. 防止水体中氨浓度过高的措施

养殖过程中要定期检测水体的氨氮指标，分子氨的含量一般控制在 0.2 mg/L 以下。具体措施包括以下七点。

（1）每年清塘时清除含大量有机物质的池塘淤泥。

（2）制定适宜的放养密度和合理的搭配模式，合理利用水体空间，避免盲目追求不合理的高密度。

（3）水质老化，池底粪便、残饵等有机物质多时，应及时排污，同时应适当换水。

（4）加强投饲管理，选择主流品牌，添加活菌制剂，合理投喂，减少浪费和对水质的污染。

（5）培养优势有益藻群、菌群，定期泼洒生物制剂。

（6）根据水体肥度，依据"少施勤施"的原则，以碳源肥料为主，如氨基培水液，减少氨的累积。

（7）保持池塘中的溶解氧充足，加快硝化反应，降低氨氮的毒性。

四、亚硝酸盐

近些年水产养殖实践证明，亚硝酸盐中毒一直是养殖过程中比较棘手的问题之一，通常会给养殖户带来比较惨重的损失。目前还没有特效药能降解亚硝酸盐。但实践中，可以选择各种措施来缓解和降低亚硝酸盐带来的危害。措施虽然多，但如何合理灵活选择却让许多鱼病防治工作者和养殖户犯难。

1. 养殖水体中亚硝酸盐含量高的原因

在整个氮素转化过程中，从含氮有机物到氨氮需要的时间不长，由多种微生物催化，亚硝化菌的生长繁殖速率为 18 min 一个世代，因此其转化的时间不长；从亚硝酸盐到硝酸盐是由硝化细菌催化，硝化细菌的生长速率相对较慢，其繁殖速率为 18 h 一个世代，因此由亚硝酸盐转化为硝酸盐的时间就长很多。

当氨氮的浓度达到高峰时（3~4 d），亚硝态氮开始上升；当亚硝态氮的浓度达到高峰时，硝态氮就开始上升，亚硝态氮的有效分解需要 12 d 甚至更长的时间。在养殖水体中，由于大量的投饵，造成氮素的大量积累。氮素通过各种微生物的作用，转化为氨氮、亚硝酸盐和硝酸盐，这三种氮素一方面被藻类和水生植物吸收，另一方面硝酸盐在条件成熟的时候通过脱氮作用将硝态氮转化为氮气。如果水体中达到一定的自净平衡状态，在没有外来的干涉的情况下（如没有用消毒剂），水的氮循环会比较正常，三态氮会一直持续在稳定的状态。

但是在养殖水体内，由于定期的使用消毒药剂，把有害的和有益的细菌通通杀灭，氧气的供应不足，常常造成硝化过程受阻，这就是水中氨氮和亚硝酸盐含量高的主要原因，由于氨氮的转化速率较快，因此亚硝酸盐的问题最为突出。当然，温度对水体硝化作用也有较大影响，硝化细菌在温度较低时，硝化作用减弱，造成亚硝酸盐积累。

2. 亚硝酸盐含量超标的危害性

亚硝酸盐对鱼虾的毒性较强，作用机制主要是通过鱼虾的呼吸作用由鳃丝进入血液，可使正常的血红蛋白氧化成高价血红蛋白，使运输氧气的蛋白丧失推动氧的功能。出现组织缺氧从而导致鱼虾缺氧，甚至窒息死亡。很多池塘出现鱼虾厌食现象，亚硝酸盐含量过高就是主要原因之一。一般情况下，当水体中亚硝酸盐浓度达到 0.1 mg/L，就会对养殖生物产生危害。鱼虾亚硝酸盐中毒后的症状：厌食；游动缓慢，触动时反应迟钝；呼吸急速，经常上水面呼吸；体色变深，鳃丝呈暗红色。

3. 亚硝酸盐含量超标的处理方法

降解亚硝酸盐的必需条件：第一要有藻类吸收，防止亚硝酸盐反弹；第二要有硝化细菌才能转化；第三要有充足的氧气协作分解有机物。

（1）急救措施可采用开动增氧机或全池泼洒化学增氧剂，使池水有充分的溶解氧，以增进亚硝酸盐向硝酸盐的转化，从而降低水体中亚硝酸盐的含量。

（2）氯离子可降解亚硝酸盐的毒性。研究表明氯离子可降解亚硝酸盐的毒性。这是由于亚硝酸离子和氯离子都需要通过鳃小板上的泌氯细胞才能进入鱼体，亚硝酸离子因氯离子在泌氯细胞上的竞争而增加了进入鱼体的难度，从而起到降低亚硝酸盐毒性的作用。水体亚硝酸盐超标时，可泼洒适量的氯化钙、氯化镁、氯化钠等氯化物，增加氯离子的浓度，一般情况下，当水体的氯离子浓度是亚硝酸盐浓度的6倍时，即可以抑制亚硝酸盐对养殖动物的毒性。目前实用有效的方法是：上午用粗盐或海水晶全池泼洒解毒，下午用解毒剂或净水产品解毒，并在饲料中拌喂食盐排毒。

（3）使用氨离子螯合剂、活性炭、吸附剂、腐殖酸聚合物等复配合成的水质吸附剂，经过离子交换作用，吸附或降解亚硝酸盐。

（4）通过微生物分解亚硝酸盐，使用枯草芽孢杆菌、光合细菌、硝化细菌、放线菌等微生物制剂。

（5）在饲料中加大维生素 C 的用量也有一定作用。

（6）肥水。藻类生长旺盛不仅可以保持水中有充足的溶解氧，而且能够促进水体中物质转换和能量流动，可为亚硝酸盐的转化提供有利的条件。

（7）用强氧化剂把亚硝酸盐氧化成硝酸盐，以缓解其毒性。

五、硫化氢

1. 养殖水体硫化物的来源

养殖水体中的硫化物主要有两个来源。

（1）土壤岩层硫酸盐含量高，高硫燃煤地区的雨水及地下水中含有大量的硫酸盐，这些硫酸盐溶解进入水体后，在厌氧条件下，存在于养殖池底的硫酸盐被还原菌分解形成硫化物。

（2）残饵、粪便以及动植物尸体中的有机物在厌氧菌的作用下分解产生硫化物。

这两方面的综合因素使池塘水体硫化物含量增加。可溶性硫化物与泥土中的金属盐结合形成金属硫化物，致使底泥变黑，这是硫化物存在的重要标志。

2. 水体中硫化氢的危害

硫化氢（H_2S）是一种无色具臭鸡蛋气味的可溶性有毒气体，也是对水产动物毒性很强的物质。当其浓度较高时，也可通过渗透与吸收进入水产动物的组织与血液，与血液中的携氧蛋白相结合，破坏其结构，使其失去携带氧气的功能，动物表现为缺氧的症状。同时，硫化氢对水产动物的皮肤和鳃丝黏膜有很强的刺激和腐蚀作用，使组织产生凝血性坏死。

3. 水体中硫化氢浓度的标准

我国《渔业水质标准》（GB 11607—1989）中规定硫化物的浓度不超过 0.2 mg/L。这对常规养殖的鲤科鱼类是安全的，但对于某些特种养殖及苗种培育，养殖水体中硫化氢的浓度应严格控制在 0.1 mg/L 以下。

与其他水质毒性物质一样，当硫化氢浓度高于 0.2 mg/L，其毒性随其浓度的升高而增加。

4. 水体中硫化氢的控制和降解技术

硫化氢在水中的存在形式与水体 pH 的高低直接相关。在常温下，当 pH 大于 9 时，水中的硫化物绝大部分都以 HS^- 的形式存在，毒性较小；当 pH 小于 6 时，水中硫化物绝大部分都以 H_2S 形式存在，毒性很大；当 pH 为 7（中性）时，H_2S 和 HS^- 几乎各占一半。所以，当养殖水体 pH 7～9 时，随着 pH 增高，H_2S 的毒性逐渐减小。因海水 pH 较淡水高，所以在海水养殖中的水产动物受硫化氢的危害比在淡水中小。

5. 对硫化氢的调控

（1）提高水体的溶解氧量。高含量的溶解氧不但可以将硫化氢氧化为无毒的物质，还可以抑制硫酸盐还原菌的生长繁殖，从而抑制硫化氢的产生。因此，可以从加强培养有益藻类、开增氧机、洒增氧剂等措施增氧。

（2）每次清塘时清除池底过多的淤泥。

（3）在高硫燃煤地区要尽量避免雨水及地下泉水进入养殖池塘，因这样的水含硫酸盐较多，容易产生大量硫化氢。

（4）调节水体 pH。pH 越低，发生硫化氢中毒的机会越高，但如果 pH 偏高，超出正常范围，分子氨的毒性也增大，所以一定要将 pH 控制在 7.5 ~ 8.5 为宜。

六、重金属离子

1. 重金属离子的来源及对水产养殖的危害

在稻渔养殖中，重金属离子主要来自养殖水源的工农业污染，稻田底质重金属离子超标以及在养殖过程中重金属杀虫剂的使用，包括农药的使用，医药、仪表、造纸等工业污水的排放，各类有色金属矿山的废水，如铜、汞、铬、镉、铅、砷等各种重金属离子毒物，都是污染水体的毒性物质。而在水产养殖过程中，养殖户越来越多地使用地下水来解决养殖过程中的水源问题。但是地下水中通常铁、锰、钾等重金属离子超标，也会加重水产养殖动物肝的负担，严重时造成水产动物的死亡。

重金属离子对水生动物的危害主要有以下几个方面。

（1）由于水体重金属离子含量超标，对水生动物的鳃有刺激和腐蚀作用，鳃大量分泌黏液，影响了鳃与水体的气体交换，妨碍水生动物的呼吸。

（2）水生动物体内重金属离子含量一旦超标，就容易导致体内的酶及部分蛋白质发生变性，酶的活性降低，水生动物的各项生理功能受到影响，直接影响水生动物的生长和生殖系统的发育。

（3）重金属离子对鳃的腐蚀作用，是导致鱼继发性烂鳃的一个诱因。

（4）对于各种水生动物的苗种培育阶段，水体重金属离子超标容易导致水生动物幼体畸形。如幼鱼的椎骨发生弯曲，对虾幼体难以完成变态过程，最终导致死亡。

（5）由于水生动物肝是最主要的解毒器官，养殖水体重金属离子超标常常导致重金属在肝的蓄积，加重水产养殖动物肝的负担，严重时造成水产动物的死亡。

2. 养殖水体重金属离子的处理

重金属离子的处理主要有以下七种方法。

（1）选址　选址时，首先应对养殖水源的水做好调查和检测，不宜在排放含重金属污水的工厂下游选择稻田，同时做好底泥的检测，避免重金属离子含量超标情况的出现。

（2）使用硫代硫酸钠去除重金属离子　硫代硫酸钠自身有较强的络合作用，能够络合水体中的重金属离子并与之形成络合物，从而掩蔽重金属离子，消除其本身对水生动物的毒性。

（3）使用 EDTA 二钠螯合剂　主要原理是 EDTA 利用自身的螯合作用螯合重金属离子并与之形成稳定的螯合物，从而使重金属离子在水中去除。

（4）泼洒有机酸类产品　可络合养殖水体中的重金属离子，从而降低养殖水体中的重金属离子含量，减少它们对水生动物的危害。

（5）生物处理法　主要是通过养殖水体中水生植物对水体中重金属离子的富集作用。在植物整治技术中能利用的植物很多，有草本植物、藻类植物、木本植物等。其主要特点是对重金属离子具有很强的耐毒性和积累能力，不同种类植物对不同重金属离子具有不同的吸收富集能力，而且其耐毒性也各不相同。植物对重金属离子的吸收富集机制主要为两个方面：一是利用植物发达的根系对重金属污水的吸收过滤作用，达到对重金属离子的富集和积累。二是利用重金属离子与微生物的亲和作用，把重金属离子转化为较低毒性的产物。通过收获或移去已积累和富集了重金属离子的植物枝条，降低土壤或水体中重金属离子含量，达到治理污染、修复环境的目的。

（6）物理吸附法 可以使用的吸附剂有沸石粉和活性炭。这些是最早使用的，也是目前使用最广泛的吸附剂。之所以能够进行物理吸附，是因为活性炭具有高的比表面积以及高度发达的孔隙结构，能够将重金属离子吸附到多孔结构中，从而实现对养殖水体中重金属离子的去除。沸石粉的吸附具有高选择性和高效选择吸附性。沸石晶体内部的空洞和孔道大小均匀且固定，一般空洞直径为6～15 mm。只有直径较小的分子才能通过沸石孔道进入空洞被吸附，大的分子不能进入空洞被吸附，沸石因具有这样的选择吸附性能，也称分子筛。沸石对有机污染物的吸附能力主要取决于有机物分子的极性大小和分子直径。小分子比大分子易被吸附，极性分子较非极性分子易被吸附。

（7）生物塘净化法 指利用复合的水生生态系统的协同作用，对重金属离子污染物的吸收、积累、分解以及净化作用。利用微生物代谢分解有机物，对其再生废水深度回收利用。该方式可以分为好氧处理与厌氧处理。好氧处理又有活性污泥法和生物过滤法两种，厌氧处理需要时间长，一般只用于经初步处理后沉淀下来的污泥。

第三节　水的生物学性能

一、光合作用和呼吸作用

水体中的氧气主要靠浮游单胞藻类光合作用提供，约占水体溶解氧的70%。

$$CO_2 + H_2O \xrightarrow{（光照、酶、叶绿体）} （CH_2O） + O_2$$

1. 光合作用

在晴朗的日子里，太阳辐射到中午达到高峰值。照射到池塘水体的部分光线（太阳辐射）并没有穿透水面，有一部分太阳辐射被反射，反射量取决于水面的粗糙程度和辐射的角度。水面越光滑，辐射角度越接近垂直，穿透水面的辐射百分率越大。随着光线穿过水体，由于水的分散和差异吸收，光谱质量发生变化，密度也降低。

在纯水中，大约53%的入射光被转化为热并消失在1 m的范围内。而且，波长较长（红色和橙色）和波长较短（紫外线和紫色）的光线比中等波长（蓝色、绿色和黄色）的光线被吸收得更快。自然水体从来都不是纯净的，含有许多进一步干扰光线穿透的物质。自然水体的颜色是原来入射光保留下来未被吸收的结果，水的真实颜色是由溶解的和胶状悬浮的物质所引起的，表观颜色是由干扰光线穿透的悬浮物质所引起的。

2. 光合作用的有效利用

一般认为，在光强度低于水面光照1%的深度时，光合作用速率小于呼吸速率。光强在入射光照1%以上的水层称为透光带。池塘常常因为高密度的浮游生物而导致浑浊，所以透光带很浅。许多鱼塘透光带往往低于1 m，赛克氏板能见度乘以2就是池塘透光带的大致深度。赛克氏板是一个直径20 cm、对角漆成黑白相间的加重盘子，在盘子消失和再出现的平均深度就是赛克氏板能见度。

通过光合作用反应方程式我们可以发现，池塘中藻类光合作用每产生一分子O_2，同时也产生一分子有机物（即CH_2O）。晴朗的午后，藻类光合作用使得池塘上层水溶解氧过饱和，致使接下来的光合作用产生的O_2逸散到空气中，留下的有机物下沉形成池塘淤泥。日积月累，相当于在池塘中安装一个不定时炸弹，加剧池塘底部"氧债"。所以，光合作用"负"增氧。改善措施包括以下两点。

（1）搅动水体　具体操作可在晴朗的午后开启增氧机，还有定期用铁链刮底。让底部贫氧区还原态物质到池塘上层富氧区转化为氧化态，从而解决池塘底部"氧债"问题。同时，可获得大量营养物质，大幅度提高饲料效率。

（2）合理套养花鲢　花鲢可分解有机物，缓解"氧债"的形成，同时也可增加养殖效益。

3. 呼吸作用

呼吸作用是生物体内的有机物在细胞内经过一系列的氧化分解，最终生成二氧化碳或其他产物，并且释放出能量的过程。基本上任何生物生存都是需要氧气进行呼吸作用分解有机物产生能量的，水生生物要利用溶解在水里的氧气。呼吸作用是细胞内的有机物氧化分解并产生能量的化学过程，是所有的动物和植物都具有的一项生命活动。生物的生命活动都需要消耗能量，这些能量来自生物体内糖类、脂质和蛋白质等有机物的氧化分解。生物体内有机物的氧化分解为生物提供了生命所需要的能量，具有十分重要的意义。

水体中溶解氧的来源有：①大气中的氧气通过扩散的方式补给至水体；②水生植物的光合作用释放的氧气。水生植物会形成相应独特的生理结构来适应水下环境。有的水生植物叶片会露出水面，叶片气孔吸收气体后通过强大通气系统传送至植物体水下部分。有的植物完全淹没于水中，其体内可贮存自身呼吸时释放的二氧化碳，以供光合作用的需要，同时又能将光合作用所释放的氧贮存起来，以满足呼吸作用的需要。

水体中溶解氧的消耗有：①还原性无机物被氧化时消耗的氧气；②分解有机物所消耗的氧气；③生物呼吸作用吸收的氧气。

二、细菌

1. 水产养殖常见有益菌

主要有芽孢杆菌、光合细菌、酵母菌、有效微生物群、蛭弧菌、乳酸菌、硝化细菌。

（1）芽孢杆菌　芽孢杆菌是一大类细菌，日常用得最多是枯草芽孢杆菌。芽孢杆菌属于革兰氏阳性菌，好氧，能产生孢子，是一类具有高活性的消化酶系、耐高温、抗应激性强的异氧菌。

芽孢杆菌生长繁殖过程中耗氧，所以在使用时注意增氧。芽孢杆菌可以降低水体中硝酸盐、亚硝酸盐的含量，从而起到改善水质的作用。枯草芽孢杆菌在代谢过程中还产生一种具有抑制或杀死其他微生物的枯草杆菌素，从而来改善水质。

芽孢杆菌在繁殖过程中分泌大量的淀粉酶、脂肪酶和蛋白酶，能迅速降解鱼虾残留饵料和排泄物，在池内其他微生物的共同作用下，大部分进一步分解为水和二氧化碳，小部分成为新细胞合成的物质，从而净化水体。

（2）光合细菌　光合细菌是国内最早用于水产养殖的细菌制剂。光合细菌是一些能利用光能进行不产氧的光合作用细菌。光合细菌在自身繁殖过程中能利用小分子有机物作碳源、供氢体，利用水环境溶解氮（如氨氮、硝酸盐、亚硝酸盐等）做氮源合成有机氮化物，因此可消耗水中的小分子有机物、氨氮、硝酸盐、亚硝酸盐，起净化水质的作用。

但是光合细菌不能利用水环境中的一些大分子有机物，水体中的大分子有机物（如蛋白质、脂肪、糖）必须先由其他微生物（如枯草杆菌、芽孢杆菌、乳酸菌、酵母菌、放线菌、硫化细菌等）分解成小分子有机物（如氨基酸、低级脂肪酸、小分子糖等）后才能被光合细菌分解利用，因此在利用光合细菌净化水质时应配合使用其他有益菌。

光合细菌改良水体的过程通常是在光合作用下完成。通常光合细菌对水体中可见光或光能见度较高的水体表层（30～50 cm）水质具有较好改良效果，而对水体中光能见度较低的较深或深水层以及难见光的池底部分，由于光合作用进行困难，难于产生良好的改良效果。

（3）酵母菌　酵母菌与细菌不同，它具有真正的细胞核，属于单细胞真菌类微生物。酵母菌在有氧和无氧的环境中都能生长，即酵母菌是兼性厌氧菌，在缺氧的情况下，酵母菌把糖分解成乙醇和水。在有氧的情况下，把糖分解成二氧化碳和水，因此有氧存在时，酵母菌生长较快。

酵母菌是喜生长于偏酸性环境中的需氧菌，可以在消化道内大量繁殖。酵母菌的大量繁殖和生长，使其在与有害菌生存竞争中成为优势种群，抑制了有害菌的生长。酵母菌添加到饲料中能黏附在肠道，刺激鱼虾体内淀粉酶和刷状缘膜酶的分泌，从而提高动物对食物的利用率。

（4）有效微生物群   其英文缩写为EM，是由光合细菌、乳酸菌、酵母菌、放线菌、丝状菌等五大类菌群中80余种有益菌种复合培养而成。EM渗入水体后，能抑制病原微生物和有害物质，促进浮游生物的大量繁殖和提高水中溶解氧量，保持养殖水体的生态平衡，净化养殖池塘中的残饵和排泄物，改善水质和底质，从而减少疾病。

（5）蛭弧菌   蛭弧菌是一种寄生于细菌的细菌，能以自身的吸附器附于寄主菌的细胞壁上，并迅速地钻入寄主细胞内，利用寄主的营养生长、繁殖，最后导致寄主菌裂解。蛭弧菌就像一个杀手，它会杀灭有害菌。蛭弧菌对寄主有选择性，它专以弧菌、假单胞菌、气单胞菌、爱德华氏菌等革兰氏阴性菌为寄主。

（6）乳酸菌   乳酸菌能形成肠道保护层，阻止病原微生物或病毒的侵袭，刺激肠道分泌抗体，提高免疫力，促进胃液分泌，增强消化功能。

（7）硝化细菌   硝化细菌是一类化能自养型细菌，利用氨或亚硝酸盐为主要生存能源，以二氧化碳作为主要碳源的一类细菌，由亚硝化细菌和硝化细菌两类生理亚群组成。硝化作用是一种氧化作用，在溶解氧充足的条件下效率最高。亚硝酸细菌完成 NH_4^+ 到 NO_2^- 的转化；而硝化细菌完成 NO_2^- 到 NO_3^- 的转化，从而使对水生动物有毒的氨态氮和亚硝酸盐转化为对水生动物无毒的硝酸盐。硝化细菌跟别的菌不同，它需要附着，所以可以发展生物载体。

亚硝酸盐超标是很多养殖户经常碰到的问题，要以预防为主，特别是中后期，随着饲料的增加，粪便的增加，菌的使用也很关键。有机物过多、pH低、溶解氧低（2 mg/L以下）、温度低等都将抑制硝化细菌在水体中的浓度。

2. 水产养殖常见有害菌

水产养殖水体中有害菌的来源有 3 个：一是水体中自有的有害菌；二是养殖过程中池塘底泥滋生出来的有害菌；三是水产养殖动物带进来的有害菌。有害菌种类繁多，主要包括链球菌、弧菌、气单胞菌、诺卡氏菌、假单胞菌、爱德华氏菌、变形菌、巴斯德菌、黄杆菌、嗜纤维菌、肾杆菌等，其中常见的有害菌有创伤弧菌、哈氏弧菌、副溶血弧菌、溶藻胶弧菌、链球菌（如海豚链球菌）、气单胞菌（如嗜水气单胞菌）等。

3. 处理好有益菌和有害菌的关系，避免病害的发生

有益菌和有害菌共存于养殖环境，并且各种细菌种类繁多，正确处理它们之间的关系是一个非常关键的问题。它们生活在一起，会通过代谢物的相互影响、环境与营养的竞争而发生极其复杂的相互作用。在这种相互作用中谁是胜者谁就将成为优势菌群，决定疾病发生与否。因此，我们的目标是有效地稳定有益菌群，尽可能地控制有害菌的繁殖与蔓延。

有些时候它们的区分也不是绝对的，如条件致病菌，在正常的生态条件下它是有益菌，只要条件恶化，菌群之间的比例关系发生了变化，它就会变成有害菌，导致疾病的发生。同一种细菌，如上述弧菌或链球菌，也不是所有的类型都是致病菌，有的菌株没有毒力，而其他菌株则有毒力，无毒的菌株可作为有益菌而存在。

自然生态系统中，有益菌和有害菌会达到平衡，相互制约，一旦受到外界的影响，这种平衡会被打破，有害菌变为优势菌。这种情况下我们需要进行人工干预，通过添加有益菌制剂来恢复其平衡。但有益菌的使用要看准时机，如水质、气候、温度、营养等条件，还要避开药物的使用期，要注意有益菌的使用方法、选择、剂型、剂量等。建议养殖户在使用有益菌的同时结合疫苗的使用，以更好地预防和控制有害菌的侵袭。但不提倡使用药物来制菌，尤其是有益菌的使用过程中绝对不能同时应用任何抗生素类药物。

三、藻类

在环境保护日益受重视的今天，藻类已经成为水环境评价的一个重要生物指标。藻类在水产养殖中也发挥着重要的作用，好的藻相有利于水产养殖动物的生长和繁殖，有利于养殖的顺利进行，而差的藻相也会导致养殖的失败。

1. 藻类在水产养殖的主要作用

（1）水池中溶解氧的主要来源   藻类通过光合作用产生氧气，释放到水体当中，保证养殖动物的正常生长和生活，水池中大部分溶解氧是由藻类提供，而通过鼓风机或增氧机等辅助手段，使空气中的氧气融入水中，所占的比例较低。

（2）提供饵料   藻类通过自身的各种生化反应可以将水体中各种无机盐转化合成有机物，储存在体内，作为食物链一个重要的环节，在水池物质循环的过程中，发挥着重要的作用，部分藻类是鱼类健康生长的重要天然饵料。

（3）调控水质理化指标   养殖水体中 pH、溶解氧、氨氮、亚硝酸盐、总碱度、总硬度等理化指标是影响养殖动物健康生长的重要因素。例如，亚硝酸盐过高会导致养殖动物中毒甚至死亡。而部分藻类通过自身的生化反应，可以将部分理化指标控制在一定的范围内，从而保证养殖动物的健康生长。

（4）维持养殖水体的稳定   在养殖过程中，由于受到环境变化引起应激反应，导致免疫力低下的一部分水产养殖动物发病甚至死亡，因而水体的稳定性就显得尤为重要，而藻类作为水池缓冲体系的重要组成部分之一，是影响水体稳定的重要因素。

2. 藻相生态演替与竞争

（1）藻相生态演替   藻类及其他生物的生长过程，消耗营养并积累对自身不利的代谢废物。如果营养不能及时补充，代谢废物不能及时清除，这种藻类的优势就会丧失，而另一种更适应这种条件的藻类就会取而代之。这个过程称为"生态演替"。

随着藻类的生长，水体中的营养素越来越匮乏，藻类之间开始出现对某些营养素的竞争，有竞争优势的藻类就可以获得生长机会。对于低浓度营养素的竞争，具有竞争优势的是那些比表面积大的种类。细胞个体越小（蓝藻）、外形越偏离圆形的藻类（丝状藻），比表面积就越大，就越具有竞争优势。这是水池藻相最终演化为蓝藻和青苔的主要因素之一。

（2）藻相的稳定　水池藻类生态系统的稳定是相对的，不稳定是绝对的。这里面包括两个层次，一是气候条件在发生变化，藻类的种群结构也会发生相应的变化；二是输入水池生态系统的物质的量在发生变化，也要求水池藻类生态系统的承载能力发生相适应的变化。

要使水池藻类生态相对稳定，每天被藻类消费的物质必须能稳定供应；同时，每天生长出来的藻类也必须被相应消费，才能保持水池中藻类的密度和活性相对稳定。因此，藻相相对稳定（即生态系统稳定）的本质是生态系统各环节之间相对平衡。

3. 水色与藻相的关系

藻类是水体中的一类主要悬浮物质，不同藻类除了叶绿素外还含有各自的特征色素，色素对光的选择性吸收和反射不同使得藻体看起来具有不同的颜色。绿藻含叶绿素较多，亦含叶黄素和胡萝卜素，对绿光只少量吸收，大部分反射出去，看起来呈绿色；蓝藻除了叶绿素外，还含有藻蓝素和藻红素，对蓝绿光的吸收少，故为蓝绿色。大多数红藻虽含叶绿素、藻蓝素等，但以藻红素的含量占优势，对红光只能少量吸收，藻体通常呈红色，如紫菜、石花菜。褐藻主要吸收蓝紫光，因而呈现褐色。

不仅如此，不同藻类由于对自然光的选择性吸收而在水体空间分布上具有明显的差异，对红光吸收较少，对绿、蓝、黄光吸收较多的部分红藻，生活于红光难以到达，而绿、蓝、黄光能到达的较深海水中（有的藻类可生活在深达 100 m 处）；绿藻对绿光吸收较少、对红光和蓝紫光吸收较多，而生活于包括红光在内各种光均能到达的浅水中。这种不同藻类的分层分布，有利于充分利用阳光和空间，是对环境的一种适应机制；同时不同藻类种类和数量的空间分层分布使水体具有各种各样的水色。

一般情况下藻类类群是水色的表征，不同水色下的藻类群落结构不同；而藻类生活需要一定的营养条件，水体营养状况是水色的重要影响因子。绿藻在氮磷比为（3~7）∶1时繁殖最快，易成为优势种，形成绿色水；硅藻在氮磷比为10∶1时快速繁殖，易成为优势种，形成茶褐色水；而其他单胞藻和大型藻类在氮磷比1∶1时会快速生长形成一些不良水色。水体的营养水平影响藻类的生长繁殖，进而影响水体浮游生物的数量和种类，导致水环境中优势种群的差异，从而影响水色。此外所有影响藻类生长繁殖的因子对水色都具有一定程度的影响，如温度、光照、pH、盐度、水体底质和溶解氧等。

4. 藻相的控制

（1）藻类种类的控制　根据水色和透明度，适当控制有益藻的种类，如绿藻（小球藻、栅列藻等）、硅藻（小环藻、舟形藻等）、硅绿藻等。

（2）通过藻、肥、菌之间的平衡控制藻类的数量　蓝藻、青苔的出现是水池水质恶化的标志，只是杀灭蓝藻和青苔并不意味着水质得到控制，养殖人员应该尽一切努力避免蓝藻、青苔的发生，而不是等到蓝藻和青苔发生后再去寻找各种杀灭蓝藻和青苔的方法，倡导培养有益藻控制有害藻。

藻类的生物量以及每天的光合速率必须与水池的载鱼量相匹配。由于稻田养殖鱼虾的生物量小，饲料投入也少，"污染"自然也小，不需要太高的藻类生产力来维护。养殖前期有必要控制藻类生产力，使之与水池中各种生物的生物量相平衡。

（3）采用化学杀藻　化学杀藻又称药物杀藻，是传统的治藻办法，原理是向水体泼洒特定的药物，通过药物中的特定成分作用于藻细胞，使藻细胞失去活性而死亡。常用杀藻药物有硫酸铜、络合铜、漂白粉、二氧化氯等。

（4）水池底部的生态管理　水池底部是水池生态系统中有机物质的接纳者。底质管理除了搅动、再悬浮外，合理转移这些"氧债"和过剩的营养盐可以提高水池生态系统的承载能力和稳定性。还可以采用生物搅动，就是合理混养一些底栖鱼类。此外，还有很多化学类产品用于改良底质。

（5）定向培养有益藻控制有害藻　水池生态系统中的每一个环节都是密切关联的。有害藻类控制"四部曲"——移植有益藻种、定向培养藻种、促进水体循环、及时分解死亡藻类，缺一不可。

藻类本身无毒性。但形成水华时，藻已经处于濒死状态，一方面严重抑制浮游植物利用光合作用产生氧气，另一方面也阻隔空气中的氧进入水体，导致水体中溶解氧严重不足。长时间出现缺氧或亚缺氧状态，会使水体持续恶化，进一步破坏水质，水生生物窒息而亡，造成生态失衡。而最为严重的问题是，某些有害藻死亡释放大量的藻毒素，使养殖动物暴发病害或中毒死亡。

藻水华的出现是水质恶化的结果，不是水质恶化的原因。当然，藻水华也加速了水池生态系统的恶化，尤其是老化、死亡的藻释放的藻毒素对所有养殖动物都有剧毒。因此，应该从源头上防止有害藻水华的出现（不要让水质恶化），而不是纠结用什么药物能处理（没有一种药物能处理恶化的水质）。一旦出现有害藻水华，必须重建水池生态系统，定向培养有益藻。定向培养是在养殖水体中引入"藻种"，让水池根据自己环境条件和养殖品种需要，选择易培养藻种、对养殖品种有益的藻种，使其成为优势种，并长期稳定在水中。

四、枝角类

1. 枝角类的定义

枝角类（Cladocera）隶属于节肢动物门（Arthropoda），甲壳纲（Crustacea），鳃足亚纲（Branchiopoda），枝角目（Cladocera），广泛

分布于淡水、海水和内陆半咸水中。迄今为止，中国已发现的淡水枝角类有 136 种，海水枝角类有 5 种，内陆咸水种有 23 种。身体短小（体长 0.2~1 mm，视具体种类而定，如大型溞可达到 4.2 mm 左右），长圆形，分为头部和躯部，侧扁体节不明显。除头部裸露外，身体其余部分包被于透明的介形壳瓣内。头部有 2 对明显的触角，第 1 对触角较小，第 2 对特别发达，可分为内枝和外枝，能在水中划动，为运动器官。胸肢 4~6 对，摆动时可产生水流，上有长刚毛，可将食物过滤后送入口中。

作为生物饲料培养研究的淡水种类有大型溞（*Daphnia magna*）、多刺裸腹溞（*Moina macrocopa*）等，半咸水种类有蒙古裸腹溞（*Moina mongolina*）等，海水种类有乌喙尖头溞（*Penlilia avirosoros*）等。我国渔民很早就掌握了发塘技术，懂得在鱼池中培养枝角类作为稚鱼、幼鱼的饲料。随着养殖业的发展，枝角类作为水产动物鱼苗种的活饲料，正越来越被人们所关注，有关枝角类的生长、繁殖、人工培养和饲料价值等的研究正在深入。

枝角类是鱼类的重要食饵，俗称"鱼虫"，可人工培养，如蚤状溞。全世界仅有少数种类（约 11 种）分布于海洋沿岸水域，我国沿岸常见的仅 5 种。如乌喙尖头溞（*Penilia avirosoros*）。枝角类的适应性广，繁殖力强，生长迅速，且营养价值高，干重粗蛋白含量达 55% 左右，是鲢、鳙、鲤、鲫等常规养殖鱼类鱼苗培育阶段和特种水产养殖幼体阶段的适口、易得的好饵料。

淡水枝角类主要滤食水中的细菌、单细胞藻类、原生动物和有机碎屑。一般来说，当外界水温合适、食物充足时（多数为春夏时期），进行孤雌生殖（单性生殖）；外界环境恶化时进行有性生殖（两性生殖），产生冬卵。枝角类每繁殖（产卵或产幼）一次就蜕皮一次，即为一龄。生殖量达到高峰前，生殖量一般随龄数的增加而增加，但高峰过后，生殖数与龄数成反比。

适合枝角类实行无性生殖的水质条件如下。水温：17~30 ℃；pH：6.5~8.5；咸度：淡水种可耐咸度 2~3 g/L，海水种则可耐高咸度；溶解氧：1~5 mg/L，溶解氧超过 5 mg/L 时，繁殖力会下降。

2. 枝角类的培养

（1）工厂化培养　近年来，国外已开展了枝角类的大规模工厂化培养，主要的培养种类为繁殖快、适应性强的多刺裸腹溞。以酵母、单细胞绿藻进行培养，均可获得较高产量。室内工厂化培养采用培养槽或生产鱼苗用的孵化槽都可以，培养槽从数吨至数十吨，可以用塑料槽或水泥槽，一般一只 15 t 的培养槽其规格可定为 3 m×5 m×1 m，槽内应配备通气、控温和水交换装置。为防止其他敌害生物繁殖，可利用多刺裸腹溞耐盐性强的特点，使用粗盐将槽内培养用水的盐度调节到 0.1%~0.2%。其他生态条件应控制在最适范围之内。枝角类接种量为每升水 500 个左右。如用面包酵母作为饲料，应将冷藏的酵母用温水溶化，配成 100~200 g/L 酵母溶液后向培养槽内泼洒，每天投饵 1~2 次，投饵量为槽内溞体湿重的 30%~50%，一般以在 24 h 内吃完为宜。接种初期投饵量可稍多一些，末期酌情减少。如果用酵母和小球藻混合投喂，则可适当减少酵母的投喂量。接种两周后，槽内溞类数量可达高峰，出现群体在水面卷起旋涡的现象，此时可每天采收。如生产顺利，采收时间可持续 20~30 d。

（2）室外培养　室外培养枝角类规模较大，若用单细胞绿藻液培养，费时占地，工艺复杂。因此，通常采用池塘施肥或植物汁液法进行培养。土池或水泥池均可作为培养池，池深约 1 m，大小以 10 m² 以内为宜，最好建成长方形。先在池中注入约 50 cm 深的水，然后施肥。水泥池每平方米投入畜粪 1.5 kg 作为基肥，以后每隔一周追肥一次，每次 0.5 kg 左右，每立方米水体加入沃土 2 kg，因土壤有调节肥力及补充微量元素的作用。土池施肥量应较高，一般为水泥池的 2 倍左右。利用植物汁液培养时，先将蒲公英、莴苣、卷心菜或三叶苜蓿等无毒植物茎叶充分捣碎，以每平方米 0.5 kg 作为基肥投入，以后每隔几天，视水质情况酌情追肥。上述两种方法，均应在施基肥后将池水曝晒 2~3 d，并捞去水面渣屑，然后即可引种。引种量以每平方米 30～50 g 为宜（以平均 1 万个溞体为 1 g 估算）。如其他条件合适，引种后经 10～15 d，枝角类大量繁殖，布满全池，即可采收。

（3）室内小型培养　规模小，各种条件易于人为控制，适于种源扩大和科学研究。一般可利用单细胞绿藻、酵母或 Banta 液进行培养。烧杯、塑料桶及玻璃缸等均可作为培养容器。利用绿藻培养时，可以装有清水（过滤后的天然水或曝气自来水）的容器中，注入培养好的绿藻，使水由清变成淡绿色，即可引种。利用绿藻培养枝角类效果较好，但水中藻类密度不宜过高，一般小球藻密度控制在每毫升 200 万个左右，而栅藻每毫升 45 万个已达需要值，密度过高反而不利于枝角类摄食。利用 Banta 液培养时，先将自来水或过滤天然水注入培养器内，然后每升水中加牛粪 15 g、稻草或其他无毒植物茎叶 2 g、肥土 20 g。粪和土可以直接加入，草宜先切碎，加水煮沸，然后再用。施肥完毕后用棒搅拌，静置 2 d 后，每升水可引种数个，引种后每隔 5～6 d 追肥一次。Banta 液培养的枝角类通常体呈红色，产卵较多。利用酵母培养枝角类时，应保证酵母质量，投喂量以当天吃完为宜，酵母过量极易腐败水质。此外，酵母培养的枝角类，其营养成分缺乏不饱和脂肪酸，故在投喂鱼虾前，最好用绿藻进行第二次强化培育，以弥补单纯用酵母的缺点。

3. 枝角类过多的危害

花鲢为滤食性鱼类，枝角类属于原生动物，枝角类为花鲢的饵料，池塘里一直存在枝角类，但环境适宜枝角类生长的时候就会大量繁殖，而池塘里的花鲢数量不变，如果没有人为处理枝角类的话，枝角类会一直增多，花鲢滤食枝角类的速率会小于枝角类的繁殖速率。

枝角类增多会有 4 个危害。①枝角类在水体里会呼吸耗氧，此危害是最为严重的，当这种现象持续久了的话会导致池塘大量缺氧，鱼会摄食不好，"一日浮头，三天不长"，进而导致翻塘。②枝角类会以藻类为食，导致池塘水体白天产生氧气的能力降低，而且下肥还不容易来肥。③枝角类还会摄食细菌，导致池塘里的氮循环受阻，使亚硝酸盐偏高，氨氮、亚硝酸盐长期偏高会导致鱼体中毒。④枝角类排出的粪便跟鱼排出的粪便一样，分解需要消耗氧气，而且还容易导致氨氮升高。

4. 枝角类的控制

（1）灯光诱捕　由于枝角类具有很强的趋光性，借此特性可以进行灯光诱捕。优点是环保，符合生态养殖理念，对养殖动物伤害小；缺点就是效率太低。

（2）使用杀虫剂局部杀虫　用阿维菌素或者菊酯类的药物沿边杀虫，利用其昼伏夜出的习性，早起天蒙蒙亮，这时枝角类大多数都在池边，沿边泼洒，效果显著。

五、桡足类

1. 桡足类定义

桡足类（Copepods）隶属于节肢动物门（Arthropoda），甲壳纲（Crustacea），桡足亚纲（Copepoda）。为小型甲壳动物，体长<3 mm，营浮游与寄生生活，分布于海洋、淡水或半咸水中。桡足类受精卵排到水中孵化成无节幼体。无节幼体呈卵圆形，背腹略扁平，身体不分节，前端有1个暗红色的单眼，附肢3对，即第一、第二触角，大颚，身体末端有一对尾触毛。桡足类活动迅速、世代周期相对较长，在水产养殖上的饵料意义不如轮虫类和枝角类。

2. 桡足类的有益性

（1）饵料　桡足类是各种经济鱼类的重要饵料。

（2）渔场的标志　有些鱼类专门捕食桡足类，所以桡足类的分布和鱼群的洄游路线密切相关。因此，桡足类可作为寻找渔场的标志。

（3）指标生物　某些桡足类与海流密切相关，因而可作为海流、水团的指标生物；还有一些桡足类可以作为水体污染的指示生物。

3. 桡足类的有害性

（1）寄生虫的中间寄主   剑水蚤和一些镖水蚤是人和家畜的某些寄生蠕虫（如吸虫、绦虫、线虫）的中间宿主。由于它们的存在，使这些寄生虫得以完成其生活史并传播，有害人体和家畜的身体健康。

（2）危害渔业   有些桡足类，如台湾温剑水蚤（*Thermocyclops taihokuensis*），常侵袭鱼卵、鱼苗，咬伤或咬死大量的幼鱼、稚鱼，对鱼类的孵化和幼鱼的生长造成很大危害，影响渔业生产。

（3）生物安全性   生物安全是水产动物育苗成功的关键因素之一。桡足类生物饵料会携带病毒性和细菌性病原，对育苗的成功造成巨大的威胁。鲜活及冷冻的生物饵料必须经过高效的消毒处理才可使用。常规的消毒方法，如紫外线杀菌、冷冻、双氧水处理等都不能彻底解决生物饵料携带病原的问题。目前，世界公认的最有效的消毒方法是 γ 射线辐照处理。辐照处理后的生物饵料，不含有水产动物的活性病原，才具有生物安全性，育苗场可放心使用。

第二章

稻渔种养土壤环境

第一节　稻田土壤肥力评价

一、土壤肥力的概念

土壤作为植物生产的基地，动物生产的基础，农业的基本生产资料，人类耕作的劳动对象，与社会经济紧密联系，其本质是肥力。土壤肥力的高低直接影响着作物生长，影响着农业生产的结构、布局和效益等方面。有关土壤肥力的概念，世界各国目前仍无统一的认识。土壤肥力是土壤物理、化学和生物学性质的综合反映，其中，养分是土壤肥力的物质基础，温度和空气是环境因素，水既是环境因素又是营养因素。各种肥力因素（水、肥、气、热）同时存在、相互联系和相互制约。因此，归纳起来可以将土壤肥力定义为：土壤肥力是土壤能经常适时供给并协调植物生长所需的空气、温度、光照条件和无毒害物质的能力。事实上，随着科学技术和认识水平的不断提高，土壤肥力概念的外延不断扩大，内涵不断缩小，倾向于将地貌、水文、气候、植物等环境因子以及人类活动等社会因子作为土壤肥力系统组分。

二、土壤肥力评价指标

土壤肥力是一种属性，并非土壤的物质组成。肥力没有结构和尺寸大小，土壤肥力评价就是对土壤肥力高低的评判和鉴定。由于土壤肥力概念的不统一性和内涵的不确定性，在土壤肥力评价因子的选取过程中就存在很大的差异。如土壤质地、结构、水分状况、温度状况、生物状况、有机质含量、pH 等，凡是影响土壤物理、化学、生物学性质的因素，都会对土壤肥力造成一定的影响。由于在评价过程中因子的不同，可能导致评价结果的差异，甚至出现与客观实际相悖的结果。因此，非常有必要确定相对稳定、适用区域广、可用于多种评价方法的土壤肥力指标系统。土壤肥力是通过土壤性质，包括各种土壤物理、化学和生物学性质来表达的，因此土壤肥力指标通常包括物理指标、化学指标和生物学指标。常用的土壤质量分析指标包含了土壤肥力的指标，但由于指标过多，测定起来比较复杂，应用也比较困难。出于实际应用的目的，一般只选择那些容易测、重现性好，以及能够代表控制肥力关键变量能力的参数，建议采用土壤参数的最小数据集，最小数据集以外的土壤参数可以作为扩展数据集的内容。在土壤肥力评价中如何筛选出能体现土壤肥力的最小数据集评价指标，是保证整个土壤肥力质量评价的基础。具体指标见表 2-1。

参评指标的选定是土壤肥力评价的核心工作，直接关系到土壤

表 2-1 土壤肥力综合指标构成

指标分类	指标构成
土壤物理指标	表土层厚度、障碍层厚度、容重、黏粒、粉黏比、通气孔隙、毛管孔隙、渗透率、团聚体稳定性、大团聚体、微团聚体、结构系数、水分含量、温度、水分特征曲线、渗透阻力
土壤化学指标	pH、CEC、电导率、盐基饱和度、交换性酸、交换性钠、交换性钙、交换性镁、铝饱和度、氧化还原电位
土壤养分指标	全氮、全磷、全钾、碱解氮、水解氮、速效磷、缓效钾、速效钾、微量营养元素全量和有效性（Ca、Mg、S、Cu、Fe、Zn、Mn、B、Mo）
土壤生物学指标	有机质、有机质易氧率、HA、H/F、微生物生物量 C、微生物 C/ 总有机 C、微生物总量、细菌总量和活性、真菌总量和活性、放射菌总量和活性、脲酶及活性、转化酶及活性、过氧化氢酶及活性、酸性磷酸酶及活性

肥力数量化评价结果的客观性。一般参评指标的选定原则是：①选取对作物的生长发育和生产力具有重大影响的主导限制因素作为参评指标；②从土壤的养分含量和所处物理化学环境两方面来选择参评指标，但是作为土壤肥力评价，应以土壤的养分含量为主，所选环境条件必须能显著影响土壤肥力和生产力；③选择稳定性高或较高的指标，以使评价结果相对稳定，有些指标如土壤有效磷，虽有可变性，但变化规律明显，且与土壤肥力以及当前生产力密切相关，仍应作为肥力指标的主要依据；④选择差异较大、相关性小的指标；⑤为实现定量评价，一般应尽量选择可度量或可测量的特征。

三、土壤肥力评价方法

土壤肥力指标包括土壤物理指标、土壤化学指标、土壤生物学指标和土壤养分指标等多种因子，并且全部因子都以数值表示，这样进行土壤肥力评价时涉及大量的数据，单凭个人直观地从这些纷繁的数据中找出它们内部联系，即使具有丰富的经验也很难做到。当前，国内使用较多且较为成熟的土壤肥力综合评价方法包括多元统计法（如主成分分析法、主因素分析法、判别分析法、聚类分析法等）、指数综合法、人工智能法、模糊综合评价法等。由于选取的指标不同，分析目标的差异，选择的评价方法也不同，因而没有统一的评价方法。同时，随着计算机技术的普及和统计软件的引进，使得那些过去因数据量大、计算复杂的分析方法也得到广泛的应用，大大提高了土壤肥力评价的定量水平和科学性。

（1）多元统计法　　该方法是将数学与数理统计方法相结合而得到的，因此在数学上表现得更为严谨。该方法可尽量减少人为因素对评价过程造成的干扰，适用于彼此间相关程度较大的评价指标体系。但多元统计法由于过分强调参评指标数据的客观性，导致参评指标的实际意义被忽略，此外，若是样本的构成发生变动可能会造成最终评价结果发生"逆序"。

（2）指数综合法   首先确定研究区域的各项评价指标，将各项评价指标值标准化后再根据该指标与研究区域土壤功能之间的关系建立评价模型，然后确定各项指标的权重系数，最后将各单项评价指标值与该指标的权重值相乘加和，从而得到最终的综合评价指数值。该方法由于原理通俗易懂，过程较为简便，容易操作，被广泛应用，而指数综合法的缺点是由于主观性太强使得评价者的专业水平对评价结果的影响很大，评价结果是否准确很大程度上依赖于经验因素，若经验不足则很容易使研究结果与土壤实际状况不相符，甚至结果相悖，因此该种方法一般只能应用在相对较为简单的土壤肥力评价系统中。

（3）人工智能法   这是一种用计算机来模拟人类思维的智能算法，将该方法运用在土壤肥力评价领域是土壤综合评价的新发展趋势，一般包括支持向量机法、遗传算法和人工神经网络法等。在这几种方法中，人工神经网络法善于处理评价过程中出现的一些非线性问题，相较于指数综合法，该方法更适合处理信息复杂的问题，可应用到一些复杂的土壤肥力评价体系中，但这种方法对先验样本有一定的要求，此外，该法中的一些理论还不够严谨，有待完善。总的看来，智能化的研究必将是未来土壤科学的发展方向，需要在实践过程中不断完善。

（4）模糊综合评价法   该方法认为土壤肥力是一个没有明确边界与外延的模糊概念，而模糊综合评价法就是利用土壤肥力的边界模糊性这一特点，借用模糊数学方法对土壤肥力进行综合评价。但模糊综合评价法中隶属度函数的确定是由经验得来，并且评价的过程中存在人为线性化等问题，另外，各参评指标权重的确定仍然是一个制约。

第二节　稻田土壤安全因素

一、土壤重金属污染现状

重金属是指密度大于或等于 5.0 g/cm³ 的金属元素。根据《土壤环境质量农用地土壤污染风险管控标准（试行）》（GB 15618—2018），汞、砷、镉、铬、铜、铅、锌、镍等 8 种元素为农业生态环境中重点监控的有害重金属。土壤重金属污染是指由人类活动引起的各种重金属物质通过各种形式进入土壤中，导致土壤中重金属含量明显高于其原有含量或正常值，超过了土壤的容纳能力和净化速率，从而使土壤的性质、组成及功能等发生变化，造成当地土壤质量和生态环境恶化的现象。土壤重金属污染主要来源于工业"三废"、化学农药肥料、病原微生物等方面。重金属污染是导致土壤质量退化的主要原因，除直接危害生态环境外，还会降低土壤养分的生物有效性，进而产生间接危害。就农业土壤而言，当重金属随着大气、水土等途径经植物的花蕊、叶片、根系等部位进入植物体，不仅会对植物体本身带来伤害，甚至可能威胁农产品的质量安全。同时，由于土壤重金属污染不易发现、不易降解，具有隐蔽性、潜伏性、不可逆性和长期性等特点，带来的后果尤为严重，影响尤为深远。重金属在土壤中的累积一方面影响着动植物的生长和发育，另一方面经食物链最终进入人体，严重威胁人类的生存和健康。

二、土壤重金属污染的危害

1. 重金属汞污染

土壤的汞污染主要来自污染灌溉、燃煤、汞冶炼厂和汞制剂厂（仪表、电气、氯碱工业）的排放。汞进入土壤后 95% 以上能迅速被土壤吸持或固定，这主要是土壤的黏土矿物和有机质有强烈的吸附作用，因此汞容易在表层积累，并沿土壤的纵深垂直分布递减。

土壤中汞的存在形态有金属汞、无机态与有机态，并在一定条件下相互转化。在正常氧化还原电位值（Eh）和酸碱度（pH）范围内，汞能以零价状态存在是土壤中汞的重要特点。植物能直接通过根系吸收汞，在很多情况下，汞化合物在土壤中先转化为金属汞或甲基汞后才能被植物吸收。无机汞有 $HgSO_4$、$Hg(OH)_2$、$HgCl_2$、HgO，它们因溶解度低，在土壤中迁移转化能力很弱，但在土壤微生物作用下，转化为具有剧烈毒性的甲基汞，也称汞的甲基化。微生物合成甲基汞在好氧或厌氧条件下都可以进行。在好氧条件下主要形成脂溶性的甲基汞，可被微生物吸收、积累而转入食物链，对人体造成危害；在厌氧酶催化下，主要形成二甲基汞，它不溶于水，在微酸性环境中，二甲基汞也可转化为甲基汞。汞对植物的危害因作物的种类不同而异，汞在一定浓度下使作物减产，较高浓度下甚至可使作物死亡。

植物吸收和累积与汞的形态有关，其顺序是：氯化甲基汞＞氯化乙基汞＞乙酸苯汞＞氯化汞＞氧化汞＞硫化汞。不同植物对汞吸收能力是：针叶植物＞落叶植物；水稻＞玉米＞高粱＞小麦；叶菜类＞根菜类＞果菜类。土壤中汞含量过高，汞不但能在植物体内累积，还会对植物产生毒害，引起植物汞中毒，严重情况下引起叶子和幼蕾掉落。汞化合物侵入人体，被血液吸收后可迅速弥散至全身各器官，当重复接触汞后，就会引起肾损害。

2. 重金属镉污染

镉主要来源于镉矿、冶炼厂。因镉与锌同族，常与锌共生，所以冶炼锌的排放物中必有 ZnO、CdO，它们挥发性强，以污染源为中心可波及数千米远。镉工业废水灌溉农田也是镉污染的重要来源。镉被土壤吸附，一般在 $0 \sim 15$ cm 的土壤层累积，15 cm 以下含量显著减少。土壤中镉的形态可划分为可给态和代换态，它们易于迁移转化，而且能被植物吸收，不溶态镉在土壤中累积，不易被植物吸收，但随环境条件的改变二者可互相转化。

如土壤偏酸时，镉的溶解度增高，而且在土壤中易于迁移；土壤处于氧化条件下（稻田排水期及旱田）镉也易变成可溶性，被植物吸收。土壤对镉有很强的吸着力，因而镉易在土壤中造成蓄积。镉是植物体不需要的元素，但许多植物均能从水中和土壤中摄取镉，并在体内累积。累积量取决于环境中镉的含量和形态。镉在植物各部分分布量基本是：根 > 叶 > 枝的干皮 > 花、果、籽粒。

土壤中过量的镉不仅能在植物体内残留，而且也会对植物的生长发育产生明显的危害。镉能使植物叶片受到严重伤害，致使生长缓慢，植株矮小，根系受到抑制，造成生物功能障碍，降低产量，在高浓度镉的毒害下发生死亡。镉对农业最大的威胁是产生"镉米""镉菜"，人食用这种被镉污染的农作物，会得骨痛病。另外，镉会损伤肾小管，出现糖尿病，镉还会造成肺部损害、心血管损害，甚至还有致癌、致畸、致突变的可能。

3. 重金属铅污染

铅是土壤污染较普遍的元素。污染源主要来自汽油里添加抗爆剂烷基铅，汽油燃烧后的尾气中含大量铅，飘落在公路两侧数百米范围内的土壤中。另外矿山开采、金属冶炼、煤的燃烧等也是重要的污染源。随着我国乡镇企业的快速发展，"三废"中的铅大量进入农田，一般进入土壤中的铅易与有机物结合，不易溶解，土壤铅大多发现在表土层，表土铅在土壤中几乎不向下移动。植物对铅的吸收与累积，决定于环境中铅的浓度、土壤条件、植物的叶片大小和形状等。植物吸收的铅主要累积在根部，只有少数才转移到地上部分。累积在根、茎和叶内的铅，可影响植物的生长发育，使植物受害。铅对植物的危害表现为叶绿素下降。阻碍植物的呼吸作用和光合作用。谷类作物吸铅量较大，但多数集中在根部，茎秆次之，籽实较少。因此，铅污染的土壤所生产的禾谷类茎秆不宜作饲料。

铅是作用于人体各个系统和器官的毒物，能与体内的一系列蛋白质、酶和氨基酸内的官能团络合，干扰机体多方面的生化和生理活动，对全身器官产生危害。

4. 重金属铬污染

铬的污染源主要是铬电镀、制革废水、铬渣等。铬在土壤中主要有两种价态: Cr^{6+} 和 Cr^{3+}。土壤中主要以三价铬化合物存在, 当它们进入土壤后, 90% 以上迅速被土壤吸附固定, 在土壤中难以再迁移。Cr^{6+} 很稳定, 毒性大, 其毒害程度比 Cr^{3+} 大 100 倍。Cr^{3+} 主要存在于土壤与沉积物中。土壤胶体对三价铬具有强烈的吸附作用, 并随 pH 的升高而增强。土壤对六价铬的吸附固定能力较低, 仅有 36.12% ~ 81.5%。不过普通土壤中可溶性六价铬的含量很小, 这是因为进入土壤中的六价铬很容易还原成三价铬, 这其中, 有机质起着重要作用, 并且这种还原作用随着 pH 的升高而降低。值得注意的是, 实验已证明, 在 pH 6.15 ~ 8.15 的条件下, 土壤的三价铬能被氧化为六价铬, 同时, 土壤中存在氧化锰也能使三价铬氧化成六价铬, 因此, 三价铬转化成六价铬的潜在危害不容忽视。

植物对铬的吸收 95% 蓄积于根部。据研究, 低浓度 Cr^{6+} 能提高植物体内酶活性与葡萄糖含量, 高浓度时则阻碍水分和营养向上部输送, 并破坏代谢作用。铬对人体与动物也是有利有弊。人体含铬过低会产生食欲减退等症状。而 Cr^{6+} 具有强氧化作用, 对人体主要是慢性危害, 长期作用可引起肺硬化、肺气肿、支气管扩张, 甚至引发癌症。

5. 重金属砷污染

土壤砷污染主要来自大气降尘、尾矿与含砷农药, 燃煤是大气中砷的主要来源。通常砷集中在表土层 10 cm 左右, 只有在某些情况下可淋洗至较深土层, 如施磷肥可稍增加砷的移动性。土壤中砷的形态按植物吸收的难易划分可分为水溶性砷、吸附性砷和难溶性砷, 通常把水溶性砷、吸附性砷总称为可给性砷, 是可被植物吸收利用的部分。土壤中砷大部分为胶体吸收或与有机物络合, 或和磷一样与土壤中铁、铝、钙离子相结合, 形成难溶化合物, 或与铁、铝等氢氧化物发生共沉。

pH 和 Eh 影响土壤对砷的吸附, pH 高, 土壤砷吸附量减少而水溶性砷增加；土壤在氧化条件下，大部分是砷酸，砷酸易被胶体吸附，而增加土壤固砷量。随 Eh 降低，砷酸转化为亚砷酸，可促进砷的可溶性，增加砷害。植物在生长过程中，吸收有机态砷后可在体内逐渐降解为无机态砷。砷可通过植物根系及叶片的吸收并转移至体内各部分，砷主要集中在生长旺盛器官。作物根茎叶、籽粒含砷量差异很大，如水稻含砷量通常是根＞茎叶＞谷壳＞糙米，呈自下而上递降变化规律。砷中毒可影响作物生长发育，砷对植物危害的最初症状是叶片卷曲枯萎，进一步是根系发育受阻，最后是植物根、茎、叶全部枯死。砷对人体危害很大，在体内有明显的蓄积性，它能使红细胞溶解，破坏正常的生理功能，并具有遗传性、致癌性和致畸性等。

三、土壤重金属污染的治理和控制技术

自从土壤重金属污染问题引起关注开始，如何治理和控制土壤污染就一直是国际上众多学者不懈攻克的难题。近十年来，围绕廉价和有效的重金属污染修复技术，开展了修复途径和原理的实践和理论探索。这些探索和技术大致分为两类，其原理不同：一种是将土壤中的重金属污染物清除，恢复土壤达到原始或清洁水平；另一种是改变重金属在土壤中的存在形态，使其固定，将污染物的活性降低，减少在土壤中的迁移性和生物可利用性，即稳定性。在物理、化学、生物和农业四种手段方面，做了大量理论和实践探索。

1. 物理修复

首先是客土法和换土法，其原理都是在被污染的土壤表面覆盖上非污染土壤，活化下层土壤或直接用净土替换被污染的土壤。特别要指出的是，对于被替换的污染土壤，要选择合适的堆放场所并进一步妥善处理，以防二次污染；对于净土，还要根据土壤性质施肥改良。此两种方法可以比较彻底地清除土壤中的重金属，效果显著，但由于需要花费大量人力、物力和财力，目前只在小面积范围内应用。20 世纪 90 年代就有研究表明，客土法对降低蔬菜体内重

金属含量、提高蔬菜产量，发挥着显著作用。与此类似的还有深耕法，主要适用于污染较轻且面积稍大的规则地块，通过翻耕更新，使受污染的土壤隐埋深处，可以减轻对农作物的毒性影响。该法也存在人力物力耗费较大的弊端，并非理想的治污措施。以上这三种方法，没有解决重金属污染的根本问题，在我国应用并不广泛。另外还有热处理方法，即对土壤加热，使某些重金属固定或将挥发性较强的元素解吸出来；以及最近20年来新兴的电动力学法，通过电解、扩散、电泳等多种作用，使重金属向目标区域集中；调节土壤水分法，即灌溉手段，优化土壤氧化还原状况，减小重金属的毒性影响。这些方法工艺简单，但耗能多、费用高，且应用范围相对局限。

2. 化学修复

化学修复主要是向体系中投入改良剂或抑制剂，通过改变 pH 等土壤理化性质，使体系中重金属发生沉淀、吸附、抑制和拮抗等作用，以降低有毒重金属的生物有效性。目前稻田添加改良剂的修复方法有以下三种。

（1）添加碱性物质（如钙镁磷肥、石灰、碳酸钙等） 这些碱性改良剂通过提高稻田 pH，促使土壤中重金属元素形成氢氧化物或碳酸盐结合态盐类沉淀，从而降低有毒重金属在稻米中的累积。

（2）添加吸附物质 利用高岭土、石膏、沸石等矿物材料能吸附固定重金属离子的性质，亦可明显降低土壤重金属活性及污染传递。

（3）采用离子拮抗物质 即利用一些对人体无害或有益的金属元素的拮抗作用减少稻田中有害重金属元素的有效性。总之，利用改良剂治理稻田重金属污染效果及费用适中，对于污染不严重的农田可能是一种可以选择的方法，但吸附或固定的污染物有再度活化的风险。

3. 生物修复

生物修复是根据特定生物的生长和生理特性，用来适应、抑制和去除污染重金属的生物和生态方法。此种改良重金属污染土壤方法是一种经济、有效且非破坏性的修复技术，包括植物修复、微生物和动物修复等以下三类。

（1）植物修复　植物修复是指通过在污染地种植对污染物吸收力强、耐受性高的植物，利用植物及其根际微生物的共存体系吸收、容纳、转化、转移污染物的特性，将土壤中的污染物固定或者清除的一门技术。目前，全世界大约发现 500 种重金属超积累植物，具有绿色、高效、综合效益高的优点，代表着植物修复技术的最前沿应用，逐渐被广大群众接受并运用。

（2）微生物修复　土壤中某些微生物对特定重金属元素具有吸收、沉淀、氧化还原等作用，因而达到降低土壤重金属毒性的效果，这种过程称为微生物修复。由于微生物反应的温和性和多样性，通过强化微生物的代谢分解作用进行污染控制的生物修复技术已成为目前解决难降解化合物污染的关键技术。在重金属胁迫下某些土壤微生物能够分泌胞外聚合物，它们含有大量的阴离子基团，从而与重金属离子结合而解毒。某些土壤微生物能代谢产生柠檬酸、草酸等有机酸物质，这些代谢产物能与重金属产生螯合或是形成草酸盐沉淀，从而减轻重金属对生物的伤害。另外，在重金属的胁迫下微生物能通过自身的生命活动积极地改变环境中重金属的存在状态。当然，微生物也可通过改善土壤的团粒结构、改良土壤的理化性质和影响植物根分泌等过程间接地改变重金属形态而发挥修复作用。

（3）动物修复　自然土壤中含有各种不同尺度大小的动物。某些特定的土壤动物（如蚯蚓和鼠类）能吸收土壤中的重金属，因而能一定程度地降低污染土壤中重金属的含量。国内外有许多科学家研究蚯蚓的重金属吸收和富集作用，如对 Se 和 Cu 的作用，用来改良矿山污染土壤。

4. 农业措施

农业措施治理土壤重金属污染的操作性很强，主要包括施用有机肥和改变耕作措施等手段。

（1）施用有机肥　有机肥不仅可改善土壤结构和理化性状、提高土壤肥力，同时可以影响其中重金属的存在形态，从而抑制植物对重金属的吸收。镉污染的土壤中施入有机肥，有机肥中大量官能团可促进土壤中重金属离子与其形成重金属有机络合物，增加土壤对重金属的吸附能力，提高土壤对重金属的缓冲性，从而减少植物对其吸收，阻碍它进入食物链。因此，在镉污染土壤中增施绿肥、厩肥、腐殖酸类等有机肥是一种十分有效的治理方法。但利用有机肥改良镉污染土壤存在一定的风险，主要是由于有机肥在矿化过程中分解出的低分子量有机酸和腐殖酸组分，可对土壤中镉起到活化作用，关键取决于腐殖酸组分和土壤环境条件。

（2）改变耕作措施　不同经济类型作物对重金属的吸收存在很大差异。因此，在重金属含量较高的区域，根据不同经济类型作物对重金属的吸收差异，优化耕作制度，同样可以达到治理的目的。如对于受轻、中度重金属污染的土壤，避免种植叶菜而改种瓜果；受中、重度污染的土壤，种植非食用作物，如花卉、苗木、棉麻等。另外，尝试稻—稻—绿肥、玉米—稻、油—菜—稻等轮作体系，一定程度上也可以提高稻田肥力。

第三章

水产苗种质量安全检测

第一节　水产苗种选择原则与方法

一、水产苗种来源的选择原则

第一，在购买水产苗种前，一定要对水产苗种来源地进行实地考察。俗话说"耳听为虚，眼见为实"，切不可盲目跟风购买来源不清楚的水产苗种，否则水产苗种的质量安全就没有保障。对水产苗种场的考察主要从以下几个方面进行。①有固定的生产场地，水源充足，水质符合渔业用水标准；②用于繁殖的亲本来源于原种场或良种场，质量符合种质标准；③生产条件和设施符合水产苗种生产技术操作规程的要求；④有水产苗种生产和质量检验的专业技术人员。

第二，选择运输距离较短的水产苗种场。长途运输水产苗种不仅运输成本高，而且会降低水产苗种的成活率。因此，在水产苗种来源地选择时尽可能选择离养殖地较近的苗种场。

第三，天然苗种须选择捕自无污染的水域。水产苗种来源地的生态环境直接影响水产苗种的质量安全，尤其是水质条件。同时，苗种要有产地记录。

第四，避免从疫病流行地区选购苗种。水产动物疾病的暴发都有一定的潜伏期，尤其是病毒性疾病，在潜伏期内与正常水产动物无区别，一旦条件适宜就会暴发疾病。因此，应该选择过去12个月内未发生过相关水产动物疫病的苗种场订购苗种。

除此之外，更重要的一点是查看水产苗种单位是否有苗种生产许可证、苗种产地检疫合格证。根据《动物检疫管理办法》的有关规定，出售或运输水生动物的亲本、稚体、幼体、受精卵及遗传育种材料等水产苗种，供货方应提前 20 天向所在地县级渔业主管部门申报检疫，若检疫合格，并取得动物检疫合格证明后，方可离开产地。因此，一定要从有水产苗种生产许可证的苗种产地选购苗种，并且要求提供水产苗种产地检疫合格证明，以保证苗种质量安全。

二、水产苗种质量的选择原则及方法

体质健壮的苗种是提高养殖产量的重要基础，也是提高苗种成活率的主要条件之一。苗种的选择不仅要通过它的活力和外观来评定，还要通过整体进行判断，在选购苗种时一定要严把质量关，选择苗种的主要原则及方法如下。

1. 肉眼观察

规格整齐、体色一致、外观正常、身体强健、光滑而不带泥、游动活泼的是健康苗种；苗种规格参差不齐，群体中有活力差、反应弱、体色发红或发白，外观有缺损、畸形，有离群厌食的个体，则为不健康的苗种。

2. 食盐浸泡法

用 3%~5% 的食盐水浸泡苗种，5 min 内身体有伤病的苗种会剧烈蹦跳，体质较差的会发生昏迷、软弱无力及身体变形，而健康的苗种则正常活动。

3. 惊扰法

将手或棍插入盛苗种容器中，惊扰鱼苗，好苗种会迅速四处奔游，差苗种则反应迟钝。

4. 涡旋法

搅动装苗种的容器，产生旋涡，好的苗种能沿边缘逆水游动，差的苗种则卷入旋涡，无力抵挡。

5. 离水法

倒掉水后，好苗种会在盆底强烈挣扎，弹跳有力，头尾能曲折成圈状，差的苗种则贴在盆底，无力挣扎，仅头尾颤抖。

6. 检查苗种生长情况

苗种体长和体重的增长在一般情况下是相对应的，但是同一种苗在不同的饲养条件下，虽然体长相同，但体重可能略有差别，特别是在食料不足或生病以后身体变瘦的苗种，体重的差异就更悬殊。一般来说，体长和体重的比例关系必须符合标准，否则就是劣质苗种。

7. 检查亲本

根据遗传育种学的要求，优良遗传性状的品系和个体要避免近亲繁殖，挑选在同类中体格强壮、个体较大较重的亲本，性腺发育成熟度高的亲本繁殖的苗种质量较高。近亲繁殖的苗种个体较小，初次成熟的亲本繁殖的苗种相对质量较差。

8. 实验室检测

用显微镜检查鳃部，是否有肿胀和寄生虫，肠道颜色有无出血点、肿胀和寄生虫，腹腔有无积水等。如果一切都正常，则有可能是健康的苗种。另外，对于虾苗要进一步检测是否携带病毒或病菌。

第二节　水产苗种安全检测指标与方法

一、水产苗种病毒性病原检测指标与方法

1. 水产苗种主要病毒性病原

（1）虾白斑综合征病毒　白斑综合征病毒（white spot syndrome virus，WSSV）是 1993 年世界范围内对虾暴发性流行病的主要病原，近年来随着我国克氏原螯虾养殖的发展，此病在克氏原螯虾中也有发现。该病毒的特点是感染率高、发病急、死亡率高、死亡速

度快。2008 年农业部公告第 1125 号将其列为一类动物疫病。世界动物卫生组织将此病列为必须申报的疾病。迄今为止，仍然没有能有效控制白斑综合征病毒疫情的技术措施。

本病严重暴发流行时，可根据其发病史、临床特征及病理特征作出初步诊断，最后确诊需要通过实验室检测。白斑综合征的实验室诊断根据《白斑综合征（WSD）诊断规程》的第 1 部分：核酸探针斑点杂交检测法（GB/T 28630.1—2012），第 2 部分：套式 PCR 检测法（GB/T 28630.2—2012），第 3 部分：原位杂交检测法（GB/T 28630.3—2012），第 4 部分：组织病理学诊断法（GB/T 28630.4—2012），第 5 部分：新鲜组织的 T–E 染色法（GB/T 28630.5—2012）进行。PCR 筛查带病毒虾情况时，可取一小片鳃、游泳足、少量血淋巴或眼柄进行病毒检测。虾复眼组织因含 PCR 抑制物影响 PCR 检测结果，不能用于 PCR 检测；虾肝胰腺和中肠也不适合病毒检测。

（2）蟹十二片段呼肠孤病毒　河蟹颤抖病又称河蟹抖抖病、河蟹环爪病，指因病原侵袭导致河蟹神经与肌肉传导系统损伤，以肢体颤抖、瘫痪甚至死亡为特征疾病的统称。2008 年农业部公告第 1125 号将其列为水生动物三类疫病。该病 1990 年在我国出现，1997 年后大规模流行，1998—1999 年为发病高峰期，在池塘、稻田、网围、网栏养殖河蟹中发生流行。我国各地河蟹养殖地区均有颤抖病发生，其中以江苏为高发区。

目前，河蟹颤抖病的病原仍不清楚，主流报道病原为病毒和螺原体。报道较多的为呼肠孤病毒状病毒（reovirus-like virus），从颤抖病河蟹中分离出 EsRV816、EsRV905 等毒株，其中 EsRV905 的 cDNA 已经鉴定，由国际病毒分类委员会正式定名为蟹十二片段呼肠孤病毒，为呼肠孤病毒科的一个新的属——蟹十二片段呼肠孤病毒属（Cardoreovirus）。

根据病蟹反应迟钝，行动缓慢，螯足握力减弱，步足颤抖，环爪、爪尖着地等可初步诊断。采用实验室方法诊断时，采集病蟹 10

只，取肝胰腺及血淋巴，利用已建立的该病呼肠孤病毒 PCR 技术进行病原检测。

（3）中华鳖彩虹病毒　中华鳖彩虹病毒（soft-shelled turtle iridovirus，STIV）是彩虹病毒蛙病毒属的成员，是危害中华鳖的重要病原之一，1999 年首次从患红脖子病中华鳖体内分离。该病毒感染中华鳖初期并无异样，若未及时诊断并进行有效防护和处理，则容易暴发且难以控制。

目前引起红脖子病的病因不明确，无法建立统一的诊断方法。一般根据症状诊断，也可结合实验室病原诊断结果作出进一步诊断。对于病毒性病原的诊断（可根据抗生素无效果或细菌分离阴性判定），可取典型症状脏器固定后用于病毒观察及分离。

（4）鲤科疱疹病毒　鲤科疱疹病毒 II 型（Cy HV-2）是水生动物疫病的重要病原，传统宿主是金鱼。近年来，异育银鲫成为该病毒新宿主，欧洲的匈牙利、捷克先后报道了 Cy HV-2 感染野生银鲫并引起大量死亡的病例，自 2012 年起，中国多次报道了 Cy HV-2 感染异育银鲫的病例，该病毒导致了异育银鲫发生新型病害，俗称鳃出血病或大红鳃病。该病具有发病急、传播速度快、发病周期长、死亡率高（最高可达 100%）等特点，给异育银鲫养殖带来了严重病害损失，严重威胁了大宗淡水鱼产业健康发展。

采集患病银鲫（具有典型鳃出血病症状）和同一池塘随机捕获的无明显症状的鱼，取其肾、鳃、脾等相关组织作为待测样品。可以利用普通 PCR、多重 PCR、巢式 PCR 和实时定量 PCR 等分子技术进行检测。

2. 水产苗种病毒病原检测方法

目前，水产病毒病原的检测方法主要有组织病理检测法、电镜检测法、免疫检测法、免疫层析检测法、细胞培养法、分子诊断法和酶联免疫吸附试验等。

（1）组织病理检测法　组织病理检测技术是将动物的病灶组织进行石蜡切片后，利用各种染色方法（HE 染色等）检测组织细胞的病理变化，以及是否存在包涵体等来判断在组织内是否存在病毒。有研究发现，感染 WSSV 后濒死虾的肝胰腺柱状上皮细胞变性、细胞排列紊乱，呈空泡化，肝小管上皮细胞核溶失，细胞形态及界线模糊，呈现细胞坏死状态。肝小管上皮细胞内存在血细胞浸润现象，肝小管间的血腔隙和结缔组织间充满了炎性坏死崩解物，细胞核固缩。

（2）电镜检测法　电镜检测技术是通过对组织或病原体进行负染色、真空喷镀或对病灶组织进行超薄切片后，在电子显微镜下观察。该方法能直观清晰地观察病毒形态大小和结构，并观察病毒在宿主细胞内的复制、感染、形态发生等状态。

（3）免疫检测法　免疫检测技术是以抗原抗体反应原理为基础的一种检测技术，检测灵活性较大。某些方法在快速方面效果较好。常用的免疫检测技术有免疫酶技术和免疫组织化学技术。免疫组织化学技术是在组织化学基础上发展起来的，主要原理是利用抗体与抗原的特异性结合，将抗体用于特异性染色载体，将一些能够产生显色反应的物质标记在抗体上，使抗体和抗原的复合物经过发色后在显微镜下观察，实现对组织细胞或细胞内的抗原定位、定性和定量检测。免疫荧光技术是常用的免疫组织化学技术。

免疫荧光技术是以荧光物标记抗体与抗体抗原复合物反应的技术。标记抗体的荧光物质在紫外光激发等条件下吸收能量后，分子势能增加而不稳定，电子出现在高能轨道后迅速回到原来轨道，并以荧光的形式释放出来。借助荧光显微镜可以检测到被检测的抗原。目前常用的荧光素是异硫氰酸荧光素。碱性条件下异硫氰酸基与免疫球蛋白自由氨基碳酰氨化形成硫碳氨基键成为标记荧光免疫球蛋白。一个 IgG 分子能标记 15~20 个异硫氰酸荧光素，在紫外光激发下发出黄绿色，从而定位、定性检测抗原。

（4）免疫层析检测法　免疫层析检测技术是一种将层析分析技术、免疫检测技术和免疫标记技术等相结合的固相标记检测技术。其中最常用的是胶体金免疫层析试纸，其在人类医学和畜牧等生产实践中已经广泛应用。目前已经有鸡新城疫免疫胶体金检测试纸、牛副结核胶体金免疫层析试纸、O型口蹄疫病毒免疫层析试纸、HIV抗体的胶体金免疫层析快速诊断试纸以及鱼类淋巴囊肿病毒（LCDV）胶体金免疫层析试纸等。

（5）细胞培养法 细胞培养技术是病毒学研究基础，也是一种用于诊断病毒的方法。病毒具有严格的宿主细胞，因此水产动物细胞的培养技术对于致病病毒的分离鉴定有重要的意义。

（6）分子诊断法 聚合酶链反应（PCR）技术用于特异DNA片段的大量扩增。PCR的原理是依据已克隆出的DNA序列设计出相应的PCR引物，利用该引物扩增待检测病毒DNA的片段，然后经过琼脂糖凝胶电泳，用凝胶成像仪观察扩增产物。与传统的诊断方法相比，该方法具有特异性强、灵敏度高、快速、简单等特点。目前巢式PCR是常用的病毒病原检测方法，该方法在普通PCR的基础上多了一步扩增，需要设计两对引物，该方法灵敏度较普通PCR有明显的提高。

实时定量PCR（real time quantitative PCR）是1996年推出的一种新定量检测技术。实时定量PCR分为探针法和荧光染料法。实时定量PCR灵敏度极高，最低可以检测到5个拷贝的病毒病原病毒粒子，同时可以定量检测，广泛应用于检测病毒病原。

（7）酶联免疫吸附试验 酶联免疫吸附试验（ELISA）是常用的一种免疫酶技术，其特点是利用抗体或者抗原被聚苯乙烯微量反应板吸附固相化，加入辣根过氧化酶或者碱性磷酸酶标记的抗IgG抗体，用发色液发色后在酶标仪中测定反应孔的紫外光吸收值。ELISA分为间接法、竞争法、捕获法、非竞争法等。双抗体夹心法是一种常用的非竞争法ELISA，该方法可以用于检测WSSV病毒，以抗病毒多抗作为捕获抗体、以抗病毒单抗作为检测抗体的双抗体夹心ELISA具有较高的灵敏度和特异性。

双抗体夹心法是在间接ELISA方法基础上发展起来的一种常用的酶联免疫吸附检测技术。其原理是以抗原的多抗为捕获抗体包被酶标板，加入抗原与多抗结合，以抗原的单抗为检测抗体与抗原结合，从而形成一个多抗－抗原－单抗的"三明治"结构，抗原的多抗和单抗为异源抗体，一般使用兔源多抗、鼠源单抗。将碱性磷酸酶标记的羊抗鼠 IgG 抗体加入酶标板与检测抗体结合，加入酶底物与酶发生酶促反应，从而能在酶标仪紫外光的照射下测定出紫外光吸收值，一般采用 405 nm 波长的紫外光。双抗体夹心法广泛应用于人类各种临床疾病病原的检测，同时在畜牧业、动物的检验检疫、食品安全检测、水产养殖业等方面也得到普遍的实际应用。目前该技术越来越成熟普及，广泛应用于病原微生物（如动植物病毒、寄生虫、细菌等）、动物体蛋白、疾病特异性抗原、生物毒素、药物、免疫球蛋白等方面的检测。

二、水产苗种主要违禁药品含量检测指标与方法

孔雀石绿、氯霉素、呋喃唑酮早期用于渔业养殖的除虫和抗菌药物，但对人体均有很大的危害。孔雀石绿是早期印染行业中的一种化学工业染料，因发现其具有较好的除虫和杀菌作用而被用于水产品养殖中，但长期食入孔雀石绿可使人体致癌、致畸、致突变；氯霉素是一种抗生素，对多种有害细菌有较好的抑制作用，同时对衣原体等产生抑制作用，因此，氯霉素曾在水产品养殖中被广泛应用，然而，氯霉素本身具有较强的副作用和毒性，长期摄入微量的氯霉素，不仅使致病菌等产生耐药性，而且导致人体中的正常菌群发生失调、失衡，从而感染各种疾病；呋喃唑酮药物是一种人工合成的抗菌药物，具有除虫和抗菌作用，曾经在养殖业中较为广泛使用。但后发现其对畜禽有毒性作用，对人体也有致癌、致畸、致突变作用。2002 年我国农业部发布的《食品动物禁用的兽药及其化合物清单》（农业部 193 号公告）已将孔雀石绿、氯霉素、硝基呋喃类药物列入禁用药物名单。

1. 水产苗种中孔雀石绿检测方法

标准依据：《水产品中孔雀石绿和结晶紫残留量的测定》（GB/T

19857—2005）。

（1）检测原理　试样中的残留物用乙腈 – 乙酸盐缓冲混合液提取，乙腈再次提取后，液体分配到二氯甲烷层并浓缩，经酸性氧化铝柱净化后，高效液相色谱 –PbO$_2$ 氧化柱后衍生测定，外标法定量。

（2）检测试剂与主要仪器

① 检测试剂　除另有规定外，试剂均为分析纯，水为重蒸馏水。

a. 乙腈：液相色谱纯。

b. 二氯甲烷。

c. 甲醇：液相色谱纯。

d. 乙酸盐缓冲液：溶解 4.95 g 无水乙酸钠及 0.95 g 对 – 甲苯磺酸于 950 mL 水中，用无水乙酸调节溶液 pH 至 4.5，最后用水稀释至 1 L。

e. 200 g/L 盐酸羟胺溶液。

f. 1.0 mol/L 对 – 甲苯磺酸：称取 17.2 g 对 – 甲苯磺酸，并用水稀释至 100 mL。

g. 50 mmol/L 乙酸铵缓冲溶液：称取 3.85 g 无水乙酸铵溶解于 1 000 mL 水中，无水乙酸调 pH 至 4.5。

h. 二甘醇。

i. 酸性氧化铝：80 ~ 120 目。

j. 二氧化铅。

k. 硅藻土 545：色谱层析级。

l. 标准品：孔雀石绿（MG）、隐色孔雀石绿（LMG）、结晶紫（CV）、隐色结晶紫（LCV），纯度大于 98%。

m. 标准溶液：准确称取适量的孔雀石绿、隐色孔雀石绿、结晶紫、隐色结晶紫，用乙腈分别配制成 100 μg/mL 的标准贮备液，再用乙腈稀释配制 1 μg/mL 的标准溶液。–18℃ 避光保存。

n. 混合标准工作溶液：用乙腈稀释标准溶液，配制成每毫升含孔雀石绿、隐色孔雀石绿、结晶紫、隐色结晶紫均为 20 ng 的混合标准溶液。–18℃避光保存。

② 主要仪器

a. 高效液相色谱仪：配有紫外－可见光检测器。

b. 匀浆机。

c. 离心机：4 000 r/min。

d. 固相萃取装置。

e. 25% PbO_2 氧化柱：不锈钢预柱管（50 mm×4 mm），两端附 2 m 过滤板，抽真空下，填装含有 25% PbO_2 的硅藻土，添加数滴甲醇压实，旋紧。临用前用甲醇冲洗。并将 PbO_2 氧化柱连接在紫外－可见光检测器与高效液相色谱仪之间。

f. 酸性氧化铝柱：1 g/3 mL，使用前用 5 mL 乙腈活化。

（3）检测步骤

① 样品制备

a. 提取：称取 5.0 g 样品于 50 mL 离心管内，加入 1.5 mL 200 g/L 的盐酸羟胺溶液、2.5 mL 1.0 mol/L 对－甲苯磺酸溶液、5.0 mL 乙酸盐缓冲溶液，用匀浆机以 10 000 r/min 的速度均质 30 s，加入 10 mL 乙腈剧烈振荡 30 s。加入 5 g 酸性氧化铝，再次振荡 30 s。3 000 r/min 离心 10 min。把上清液转移至装有 10 mL 水和 2 mL 二甘醇的 100 mL 离心管中。然后在 50 mL 离心管中加入 10 mL 乙腈，重复上述操作，合并乙腈层。

b. 净化：在离心管中加入 15 mL 二氯甲烷，振荡 10 s，3 000 r/min 离心 10 min，将二氯甲烷层转移至 100 mL 的梨形瓶中，再用 5 mL 乙腈、10 mL 二氯甲烷重复上述操作一次，合并二氯甲烷层于 100 mL 梨形瓶中。45℃旋转蒸发至约 1 mL，用 2.5 mL 乙腈溶解残渣。

将酸性氧化铝柱安装在固相萃取装置上，将梨形瓶中的溶液转移到柱上，再用乙腈洗涤两次，每次 2.5 mL，把洗涤液依次通过柱，控制流速不超过 0.6 mL/min，收集全部流出液，45℃旋转蒸发至近干，残液准确用 0.5 mL 乙腈溶解，过 0.45 μm 滤膜，滤液供液相色谱测定。

② 色谱分析

a. 液相色谱条件：色谱柱为 C18 色谱柱，250 mm×4.6 mm，粒度 5 μm，在 C18 色谱柱和检测器之间连接 25% PbO$_2$ 氧化柱；流动相为乙腈和乙酸铵缓冲溶液；流速为 1.0 mL/min；柱温为室温；检测波长为 618 nm（孔雀石绿），588 nm（结晶紫）；进样量为 50 μL。

b. 液相色谱测定：根据样液中被测孔雀石绿、隐色孔雀石绿、结晶紫或隐色结晶紫含量情况，选定峰高相近的标准工作溶液。标准工作溶液和样液中孔雀石绿、隐色孔雀石绿、结晶紫或隐色结晶紫响应值均应在仪器检测线性范围内。对标准工作溶液和样液等体积参插进样测定。在上述色谱条件下，孔雀石绿、结晶紫、隐色孔雀石绿和隐色结晶紫的保留时间约为 6.10 min、7.88 min、17.77 min、18.22 min。

c. 空白试验：除不加试样外，均按上述测定步骤进行。

（4）结果计算

① 结果计算和表述：按下式计算样品中孔雀石绿、隐色孔雀石绿、结晶紫和隐色结晶紫残留量。计算结果须扣除空白值。

$$X = \frac{c \times A \times V}{As \times m}$$

式中，X 为样品中待测组分残留量（mg/kg）；c 为待测组分标准工作溶液的浓度（μg/mL）；A 为样品中待测组分的峰面积；As 为待测组分标准工作液的峰面积；V 为样液最终定容体积（mL）；m 为最终样液所代表的试样质量（g）。

② 测定结果的表述：本方法孔雀石绿的残留量测定结果指孔雀石绿和它的代谢物隐色孔雀石绿残留量之和，以孔雀石绿表示。

本方法结晶紫的残留量测定结果指结晶紫和它的代谢物隐色结晶紫残留量之和，以结晶紫表示。

③ 方法检测限：本方法孔雀石绿、隐色孔雀石绿、结晶紫、隐色结晶紫的检测限均为 2.0 μg/kg。

2. 水产苗种中氯霉素检测方法

我国国家标准《动物源性食品中氯霉素类药物残留量测定》（GB/T 22338—2008）、《河豚鱼、鳗鱼和烤鳗中氯霉素、甲砜霉素和氟苯尼考残留量的测定　液相色谱－串联质谱法》（GB/T 22959—2008）、农业部公告《动物源食品中氯霉素残留量的测定　高效液相色谱－串联质谱法》（农业部 781 号公告—2—2006）和《水产品中氯霉素、甲砜霉素、氟甲砜霉素残留量的测定　气相色谱－质谱法》（农业部 958 号公告—14—2007）均规定了测定水产品中氯霉素残留的检测方法。另外，我国国家标准《可食动物肌肉、肝脏和水产品中氯霉素、甲砜霉素和氟苯尼考残留量的测定　液相色谱－串联质谱法》（GB/T 20756—2006）规定了液相色谱－串联质谱法测定水产品中氯霉素、甲砜霉素和氟苯尼考残留量的方法。

我国水产行业标准《水产品中氯霉素残留量的测定　气相色谱法》（SC/T 3018—2004）和农业部公告《水产品中氯霉素、甲砜霉素、氟甲砜霉素残留量的测定　气相色谱法》（农业部 958 号公告—13—2007）规定了水产品中残留的氯霉素经硅烷化试剂衍生反应后生成易气化的物质从而采用气相色谱仪（带有电子捕获检测器 ECD）测定的方法。该方法是目前水产行业常用的一种检测方法，因气相色谱仪价格相对便宜，操作简单，且检测限低（0.3 μg/kg），适合于中小城市的水产品质量监控检测工作。该方法的检测限为 0.3 μg/kg。气相色谱－电子捕获检测器（GC-ECD）法测定水产品中氯霉素残留量的检测方法是一种经典的方法。

采用液相色谱－串联质谱法（LC-MS-MS）测定氯霉素药物残留量时，因无须像气相色谱法要求样品气化，所以不需要对样品进行衍生化反应，可以减少因衍生化反应带来的损失和干扰，既减少了检测的时间，又保证了检测结果的准确性。所以现在国内外越来越多的国家和行业采用液相色谱－串联质谱法（LC-MS-MS）测定氯霉素药物残留量。

标准依据：《可食动物肌肉、肝脏和水产品中氯霉素、甲砜

霉素和氟苯尼考残留量的测定 液相色谱 – 串联质谱法》(GB/T 20756—2006)

（1）检测范围 本标准规定了可食动物肌肉、肝、鱼和虾中氯霉素、甲砜霉素和氟苯尼考残留量的液相色谱 – 串联质谱测定方法。

本标准方法的检测限：氯霉素为 0.1 mg/kg，甲砜霉素和氟苯尼考为 1.0 mg/kg。

（2）检测原理 样品中的氯霉素、甲砜霉素和氟苯尼考在碱性条件下，用乙酸乙酯提取，提取液旋转蒸干后，残渣用水溶解，经正己烷液分配脱脂，液相色谱 – 串联质谱仪检测。

（3）检测试剂 除另有说明外，所用试剂均为分析纯，水为《分析实验室用水规格和试验方法》(GB/T 6682—2008)规定的一级水。

① 甲醇：色谱纯。

② 乙酸乙酯。

③ 正己烷。

④ 氢氧化铵：25% ~ 28%。

⑤ 无水硫酸钠：经 650℃灼烧 4 h，置于干燥器中备用。

⑥ 氯霉素、甲砜霉素和氟苯尼考标准物质：纯度≥99.5%。

⑦ 氘代氯霉素内标标准溶液：100 mg/mL。

⑧ 标准储备溶液：100 mg/mL，分别称取适量的氯霉素、甲砜霉素和氟苯尼考标准物质，用甲醇配成 100 mg/mL 的标准储备溶液，该溶液于 –18℃保存，可使用 1 年。

⑨ 混合标准储备溶液：1 mg/mL，分别吸取 1 mL 氯霉素、甲砜霉素和氟苯尼考标准储备溶液于 100 mL 容量瓶中，用甲醇稀释至刻度。该溶液于 –18℃保存，可使用 6 个月。

⑩ 中间浓度混合标准溶液：20 ng/mL，准确吸取 1 mL 混合标准储备溶液于 50 mL 容量瓶中，用水稀释至刻度。该溶液 4℃保存，可使用 3 个月。

⑪ 内标标准储备溶液：1 mg/mL，准确吸取 100 μL 氘代氯霉素内标标准溶液于 10 mL 容量瓶中，用甲醇稀释至刻度。该溶液

于 –18℃保存，可使用 6 个月。

⑫ 中间浓度内标溶液：20 ng/mL，准确吸取 1 mL 内标标准储备溶液于 50 mL 容量瓶中，用水稀释至刻度。该溶液 4℃保存，可使用 3 个月。

⑬ 基质混合标准工作溶液：根据每种标准的灵敏度和仪器线性范围，吸取一定量的中间浓度混合标准溶液和中间浓度内标溶液，用空白样品提取液配成系列浓度的基质混合标准工作溶液，内标浓度均为 0.3 ng/mL。现配现用。

⑭ 滤膜：0.2 mm。

（4）主要仪器

① 液相色谱 – 串联质谱仪：配有电喷雾离子源。

② 分析天平：感量 0.000 1 g 和 0.01 g。

③ 离心机：4 000 r/min。

④ 高速台式离心机：13 000 r/min。

⑤ 组织捣碎机。

⑥ 匀质器。

⑦ 旋转蒸发器。

⑧ 超声波。

⑨ 液体混匀器。

⑩ 聚丙烯离心管：50 mL、1.5 mL，具塞。

⑪ 鸡心瓶：25 mL。

⑫ 比色管：50 mL，具塞。

（5）试样制备与保存

① 试样的制备：取样品约 500 g 用组织捣碎机绞碎，装入洁净容器作为试样，密封，并标明标记。

② 试样的保存：将试样于 –18℃冰箱中保存。

（6）测定步骤

① 提取：称取 5 g 试样，精确至 0.01 g。置于 50 mL 聚丙烯离心管中，加入中间浓度内标溶液 75.0 mL，加入 15 mL 乙酸乙酯，

0.45 mL 氢氧化铵，5 g 无水硫酸钠，匀质提取 30 s，以 4 000 r/min 离心 5 min，上清液转移至 50 mL 比色管中。另取一个 50 mL 聚丙烯离心管，加入 15 mL 乙酸乙酯，0.45 mL 氢氧化铵，洗涤匀质刀头 10 s，洗涤液移入第一支离心管中，用玻璃棒搅动残渣，于液体混匀器上涡旋提取 1 min，超声波提取 5 min，以 4 000 r/min 离心 5 min，上清液合并至 50 mL 比色管中。残渣再加入 15 mL 乙酸乙酯，重复上述操作，合并全部上清液至 50 mL 比色管中，用乙酸乙酯定容至 50 mL。摇匀后移取 10 mL 乙酸乙酯提取液于 25 mL 鸡心瓶中，在 45℃旋转浓缩至干。

② 净化：鸡心瓶中的残渣用 3 mL 水溶解，超声波处理 5 min，加入 3 mL 正己烷涡旋混合 30 s，静置分层，弃掉上层正己烷，再加入 3 mL 正己烷涡旋混合 30 s，静置分层，移取 1 mL 水相于 1.5 mL 的聚丙烯离心管中，以 13 000 r/min 离心 5 min，过 0.2 mm 滤膜后，供液相色谱 – 串联质谱仪测定。

③ 色谱测定

A. 液相色谱条件

a. 色谱柱：C18 色谱柱，5 μm，150 mm × 2.1 mm（内径）或相当量。

b. 柱温：40℃。

c. 流动相：甲醇 + 水（40∶60）。

d. 流速：0.30 mL/min。

e. 进样量：20 μL。

B. 质谱条件

a. 离子源：电喷雾离子源。

b. 扫描方式：负离子扫描。

c. 检测方式：多反应监测（MRM）。

d. 电喷雾电压：–1 750 V。

e. 雾化气、气帘气、辅助加热气、碰撞气均为高纯氮气及其他合适气体，使用前应调节各气体流量以使质谱灵敏度达到检测要求。

f. 辅助气温度：500℃。

g. 定性离子对、定量离子对、采集时间、去簇电压和碰撞能量见表 3–1。

表 3–1　氯霉素、甲砜霉素、氟苯尼考和氘代氯霉素的质谱参数

待测物质名称	定性离子对 /($m \cdot z^{-1}$)	定量离子对 /($m \cdot z^{-1}$)	采集时间 /ms	去簇电压 /V	碰撞能量 /V
氯霉素	320.9/257.0	320.9/152.0	200	−55	−16
	320.9/152.0				−26
甲砜霉素	354.0/290.0	354.0/185.0	200	−55	−18
	354.0/185.0				−27
氟苯尼考	356.0/336.0	356.0/336.0	200	−55	−14
	356.0/185.0				−27
氘代氯霉素	326.0/157.0	326.0/157.0	200	−55	−26

C. 液相色谱－串联质谱测定

a. 定性测定：每种被测组分选择 1 个母离子，2 个以上子离子，在相同实验条件下，样品中待测物和内标物的保留时间之比，也就是相对保留时间，与标准溶液中对应的相对保留时间偏差在 ±2.5%；且样品中各组分定性离子的相对离子丰度与浓度接近的标准溶液中对应的定性离子的相对离子丰度进行比较，若偏差不超过表 3–2 规定的范围，则可判定为样品中存在对应的待测物。

表 3–2　定性确证时相对离子丰度的最大允许偏差

相对离子丰度 /%	> 50	> 20 ~ 50	> 10 ~ 20	≤ 10
允许的最大偏差 /%	± 20	± 25	± 30	± 50

b. 定量测定：在仪器最佳工作条件下，对基质混合标准工作溶液进样，以标准溶液中被测组分峰面积和氘代氯霉素峰面积的比值

为纵坐标,标准溶液中被测组分浓度与氘代氯霉素浓度的比值为横坐标绘制标准工作曲线,用标准工作曲线对样品进行定量,样品溶液中待测物的响应值均应在仪器测定的线性范围内。

3. 水产苗种中硝基呋喃类药物及其代谢物残留检测方法

由于早期对硝基呋喃类药物缺乏进一步的认识,在对硝基呋喃类药物监控的初期,各国的检测方法主要是针对硝基呋喃类原药的检测。后经研究发现硝基呋喃类药物在畜、禽、水产品等生物体中会代谢转换,在前期各国监控的数据发现,硝基呋喃类原药在生物体几乎没有检出,所以检测硝基呋喃类原药的残留量没有实际的意义。因此,增加对硝基呋喃类药物代谢物残留量的检测更能真实地反映用药及残留情况。

依据标准:《水产品中硝基呋喃类代谢残留量的测定 高效液相色谱法》(农业部 1077 号公告—2—2008)

(1)检测范围 硝基呋喃类代谢物检测标准规定了水产品中呋喃唑酮的代谢物 3- 氨基 -2- 唑烷基酮(AOZ)、呋喃它酮的代谢物 5- 甲基吗啉 -3- 氨基 -2- 唑烷基酮(AMOZ)、呋喃西林的代谢物氨基脲(SEM)和呋喃妥因的代谢物 1- 氨基 -2- 内酰脲(AHD)残留量的高效液相色谱测定方法。

硝基呋喃类代谢物检测标准适用于水产品中呋喃唑酮代谢物、呋喃它酮代谢物、呋喃西林代谢物和呋喃妥因代谢物残留量的测定。

(2)检测原理 试样中残留的硝基呋喃类代谢物用硝基呋喃类代谢物快速检测前处理试剂盒提供的试剂提取,经衍生化试剂衍生,经乙酸乙酯反萃、净化后用紫外检测器进行检测,外标法定量。

(3)检测试剂和材料 硝基呋喃类代谢物检测标准所用试剂应无干扰峰。除另有特别说明外,所用试剂均为分析纯;水应符合《分析实验室用水规格和试验方法》(GB/T 6682—2008)一级水的要求。

① 乙腈：色谱纯。

② 乙腈水溶液：乙腈＋水（3∶7）

③ 甲醇：色谱纯。

④ 乙酸乙酯：色谱纯。

⑤ 异丙醇：色谱纯。

⑥ 庚烷磺酸钠：色谱级。

⑦ 异辛烷：色谱纯。

⑧ 乙酸：色谱纯。

⑨ 10 mol/L 氢氧化钠溶液：称取固体氢氧化钠 40 g，加水溶解冷却后，定容至 100 mL。

⑩ 1 mol/L 氢氧化钠溶液：称取固体氢氧化钠 4 g，加水溶解冷却后，定容至 100 mL。

⑪ 标准品：氨基脲（SEM）、3- 氨基 -2- 唑烷基酮（AOZ）、5- 甲基吗啉 -3- 氨基 -2- 唑烷基酮（AMOZ）、1- 氨基 -2- 内酰脲（AHD），纯度均≥99%。

⑫ 标准贮备溶液：准确称量 AMOZ、AHD、AOZ、SEM 各 10 mg，用甲醇分别定容于 100 mL 容量瓶中，配制成 100 μg/mL 的标准贮备溶液。

⑬ 混合标准工作溶液：使用前，取标准贮备溶液用甲醇稀释成所需要的浓度。

⑭ 硝基呋喃类代谢物快速检测前处理试剂盒：内含提取剂 1 共 20 瓶、提取剂 2 共 20 瓶（20 mL/ 瓶）、衍生化试剂 2 瓶、催化剂 2 瓶、净化柱 C18-CN 复合柱 20 根。

（4）主要仪器

① 高效液相色谱仪：配紫外 - 可见光检测器。

② 电子天平：感量 0.000 1 g。

③ 离心机：11 000 r/min。

④ 旋转蒸发仪。

⑤ 可水浴加热超声波清洗机或恒温水浴摇床。

⑥ 氮吹仪。

⑦ 旋涡混合器。

（5）液相色谱条件

① 色谱柱：SB-CN 柱，250 mm×4.6 mm（内径），粒度 5 μm。

② 流动相：乙腈 + 异丙醇 + 乙酸乙酯 + 无水乙酸 +0.5 g/L 庚烷磺酸钠（5 : 10 : 5 : 0.1 : 80）。

③ 流速：1.0 mL/min。

④ 柱温：25℃。

⑤ 检测波长：280 nm。

⑥ 进样量：50 μL。

（6）测定步骤

① 样品处理

a. 取样：鱼，去鳞、去皮，沿脊背取肌肉；虾，去头、去壳，取肌肉部分；蟹、甲鱼等取可食部分，样品切成小块后，用匀浆机打碎，均质混匀，备用。

b. 提取：准确称取已捣碎的样品 10.00 g（精确到 0.01 g），置于 50 mL 离心管中，先后加入 7 g 提取剂 1 及 10 mL 提取剂 2，旋涡混合后于 40℃摇床振荡或超声波处理 30 min，于 6 000 r/min 离心 10 min；取出上清液，再加入 10 mL 提取剂 2，重复提取一遍，合并提取液于 50 mL 离心管中。

c. 衍生化：于上述离心管中，加入衍生化试剂 0.5 mL 及催化剂 0.5 mL 后混匀，于 40℃摇床振荡或超声波处理 60 min，取出冷至室温。

d. 反萃：将冷却后的上清液用 10 mol/L 和 1 mol/L 的氢氧化钠溶液调 pH 至 7.0（±0.1），加入 15 mL 乙酸乙酯萃取，4 000 r/min 离心后，取出乙酸乙酯层于梨形瓶中，再加入 10 mL 乙酸乙酯，重复上述操作两次，合并乙酸乙酯层，于 35℃水浴中减压旋转蒸发至干，加入 5% 甲醇 5 mL 溶解残渣。

e. 净化：将净化柱 C18-CN 复合柱依次用 5 mL 甲醇、5 mL

水激活后，加入上述溶液正压或负压以 2～3 mL/min 速率过柱，流净后加 5 mL 蒸馏水洗涤，挤干，弃去流出液，用 2 mL 甲醇以 2～3 mL/min 速率洗脱，接收全部洗脱液，40℃沙浴中氮气吹干。残留物用 1.0 mL 乙腈水溶液及 2 mL 异辛烷溶解，振荡混匀，5 000 r/min 离心分离，取下层乙腈水层过微孔滤膜供高效液相色谱仪测定。

② 标准工作曲线：移取适量 AMOZ、AHD 、AOZ、SEM 混合标准工作溶液，在 10 mL 提取剂 2 中添加，分别使样品添加含量为 0.5 μg/kg、1 μg/kg、2 μg/kg、5 μg/kg，按测定步骤处理，样液用高效液相色谱仪测定，得出标准工作曲线。

③ 色谱测定：根据样液中 AMOZ、AHD、AOZ、SEM 的含量情况，选定峰面积相近的标准工作溶液。标准工作溶液和样液中的 AMOZ、AHD、AOZ、SEM 响应值均应在仪器的检测线性范围内。在色谱条件下，AMOZ、AHD 、AOZ、SEM 的保留时间分别约为 13.8 min、17.2 min、20.7 min 和 22.0 min。

（7）结果计算　样品中的 AMOZ、AHD、AOZ、SEM 的残留量按下式计算。

$$X = c \times V / m$$

式中，X 为样品中 AMOZ、AHD、AOZ、SEM 的残留量（μg/kg）；c 为标准工作曲线上查出试样溶液中 AMOZ、AHD、AOZ、SEM 标准工作溶液的质量浓度（μg/L）；V 为最终定容体积（mL）；m 为供试材料样品质量（g）。结果保留两位有效数字。

（8）方法回收率　本方法 AMOZ、AHD 、AOZ、SEM 回收率均为 70%～110%。

（9）方法检测限　硝基呋喃类代谢物检测方法 AMOZ、AHD 、AOZ、SEM 的检测限均为 1.0 μg/kg。

（10）精密度　两次平行测定结果相对标准偏差≤15%。

（11）方法的线性范围　硝基呋喃类代谢物检测方法的响应值均在线性范围之内，硝基呋喃类代谢物混合标准溶液质量浓度为

5～500 ng/mL。

4. 水产苗种中重金属含量检测指标与方法

（1）水产苗种中铅含量检测方法

① 检测依据：《食品安全国家标准　食品中铅的测定》（GB 5009.12—2017），本标准规定了食品中铅的测定方法。

② 检测方法：石墨炉原子吸收光谱法。

③ 检测原理：试样经灰化或酸消解后，注入原子吸收分光光度计石墨炉中，电热原子化后吸收283.3 nm共振线，在一定浓度范围，其吸收值与铅含量成正比，与标准系列溶液比较定量。

④ 主要试剂和材料：除非另有规定，本方法所使用试剂均为分析纯，水为《分析实验室用水规格和试验方法》（GB/T 6682—2008）规定的一级水。

a. 硝酸：优级纯。

b. 过硫酸铵。

c. 300 g/L过氧化氢溶液。

d. 高氯酸：优级纯。

e. 浓硝酸溶液：取50 mL硝酸慢慢加入50 mL水中。

f. 硝酸溶液（0.5 mol/L）：取3.2 mL硝酸加入50 mL水中，稀释至100 mL。

g. 硝酸溶液（1 mol/L）：取6.4 mL硝酸加入50 mL水中，稀释至100 mL。

h. 磷酸二氢铵溶液（20 g/L）：称取2.0 g磷酸二氢铵，以水溶解稀释至100 mL。

i. 混合酸：浓硝酸＋高氯酸（9：1），取9份浓硝酸与1份高氯酸混合。

j. 铅标准储备液（1 000 mg/L）：准确称取1.000 g金属铅（99.99%），分次加少量浓硝酸溶液，加热溶解，总量不超过37 mL，移入1 000 mL容量瓶，加水至刻度。混匀。此溶液每毫升含0.001 g铅。

k. 铅标准使用液：每次吸取铅标准储备液 1.0 mL 于 100 mL 容量瓶中，加硝酸溶液（0.5 mol/L）至刻度。如此经多次稀释成每毫升含 10.0 ng、20.0 ng、40.0 ng、60.0 ng、80.0 ng 的铅标准使用液。

⑤ 主要仪器和设备

a. 原子吸收光谱仪，附石墨炉及铅空心阴极灯。

b. 马弗炉。

c. 天平：感量为 0.001 g。

d. 恒温干燥箱。

e. 瓷坩埚。

f. 压力消解器或压力消解罐。

g. 可调式电热板、可调式电炉。

⑥ 分析步骤

A. 试样预处理

a. 在采样和制备过程中，应注意不使试样污染。

b. 用食品加工机或匀浆机打成匀浆，储于塑料瓶中，保存备用。

B. 试样消解（可根据实验室条件选用以下任何一种方法消解）

a. 压力消解罐消解法：称取 1.000～2.000 g 试样（精确到 0.001 g，干样、含脂肪高的试样 < 1.000 g，鲜样 < 2.000 g 或按压力消解罐使用说明书称取试样）于聚四氟乙烯内罐，加浓硝酸 2～4 mL 浸泡过夜。再加过氧化氢溶液 2～3 mL（总量不能超过罐容积的 1/3）。盖好内盖，旋紧不锈钢外套，放入恒温干燥箱，120～140℃保持 3～4 h，在箱内自然冷却至室温，用滴管将消化液洗入或过滤入（视消化后试样的盐分而定）10～25 mL 容量瓶中，用水少量多次洗涤罐，洗液合并于容量瓶中并定容至刻度，混匀备用。同时作试剂空白对照。

b. 干法灰化：称取 1.000～5.000 g 试样（精确到 0.001 g，根据铅含量而定）于瓷坩埚中，先小火在可调式电热板上炭化至无烟，移入马弗炉（500±25）℃灰化 6～8 h，冷却。若个别试样灰化不彻底，则加 1 mL 混合酸在可调式电炉上小火加热，反复多次直到消化完全，放冷，用浓硝酸将灰分溶解，用滴管将试样消化液洗入或过滤入（视消化后试样的盐分而定）10 ~ 25 mL 容量瓶中，用水少量多次洗涤瓷坩埚，洗液合并于容量瓶中并定容至刻度，混匀备用。同时作试剂空白对照。

c. 过硫酸铵灰化法：称取 1.000 ~ 5.000 g 试样（精确到 0.001 g）于瓷坩埚中，加 2 ~ 4 mL 浓硝酸浸泡 1 h 以上，先小火炭化，冷却后加 2.00 ~ 3.00 g 过硫酸铵盖于上面，继续炭化至不冒烟，转入马弗炉，（500 ± 25）℃恒温 2 h，再升至 800℃，保持 20 min，冷却，加 2 ~ 3 mL 硝酸，用滴管将试样消化液洗入或过滤入（视消化后试样的盐分而定）10 ~ 25 mL 容量瓶中，用水少量多次洗涤瓷坩埚，洗液合并于容量瓶中并定容至刻度，混匀备用。同时作试剂空白对照。

d. 湿式消解法：称取试样 1.000 ~ 5.000 g（精确到 0.001 g）于锥形瓶或高脚烧杯中，放数粒玻璃珠，加 10 mL 混合酸，加盖浸泡过夜，加一小漏斗于电炉上消解，若变棕黑色，再加混合酸，直至冒白烟，消化液呈无色透明或略带黄色，放冷，用滴管将试样消化液洗入或过滤入（视消化后试样的盐分而定）10 ~ 25 mL 容量瓶中，用水少量多次洗涤锥形瓶或高脚烧杯，洗液合并于容量瓶中并定容至刻度，混匀备用。同时作试剂空白对照。

C. 测定

a. 仪器条件：根据各自仪器性能调至最佳状态。参考条件为波长 283.3 nm，狭缝 0.2 ~ 1.0 nm，灯电流 5 ~ 7 mA，干燥温度 120℃，20 s；灰化温度 450℃，持续 15 ~ 20 s，原子化温度为 1 700 ~ 2 300℃，持续 4 ~ 5 s，背景校正为氘灯或塞曼效应。

b. 标准曲线绘制：吸取上面配制的铅标准使用液 10.0 ng/mL（或 μg/L）、20.0 ng/mL（或 μg/L）、40.0 ng/mL（或 μg/L）、60.0 ng/mL（或 μg/L）、80.0 ng/mL（或 μg/L）各 10 μL，注入石墨炉，测得其吸光值并求得吸光值与浓度关系的一元线性回归方程。

c. 试样测定：分别吸取样液和试剂空白液各 10 μL，注入石墨炉，测得其吸光值，代入标准系列的一元线性回归方程中求得样液中铅含量。

d. 基体改进剂的使用：对有干扰试样，则注入适量的基体改进剂磷酸二氢铵溶液（一般为 5 μL 或与试样同量）消除干扰。绘制铅标准曲线时也要加入与试样测定时等量的基体改进剂磷酸二氢铵溶液。

⑦ 结果计算：试样中铅含量按下式进行计算。

$$X = \frac{(c_1 - c_0) \times V \times 1\,000}{m \times 1\,000 \times 1\,000}$$

式中，X 为试样中铅含量（mg/kg）；c_1 为测定样液中铅的质量浓度（ng/mL）；c_0 为空白液中铅的质量浓度（ng/mL）；V 为试样消化液定量总体积（mL）；1 000 为换算系数；m 为试样质量（g）。以重复性条件下获得的两次独立测定结果的算术平均值表示，结果保留两位有效数字。

（2）水产苗种中汞含量检测方法

① 检测依据：《食品安全国家标准　食品中总汞及有机汞的测定》（GB 5009.17—2021）。

② 检测方法：水产苗种中总汞的检测——原子荧光光谱法。

③ 检测原理：试样经酸加热消解后，在酸性介质中，试样中的汞被硼氢化钾或硼氢化钠还原成原子态汞，由载气（氩气）代入原子化器中，在汞空心阴极灯照射下，基态汞原子被激发至高能态，再由高能态回到基态时，发射出特征波长的荧光，其荧光强度与汞含量成正比，与标准系列溶液比较定量。

④ 检测试剂和材料：除非另有说明，所用试剂均为优级纯，水为《分析实验室用水规格和试验方法》（GB/T 6682—2008）规定的一级水。

A. 检测试剂：硝酸、过氧化氢、硫酸、氢氧化钾、硼氢化钾（分析纯）。

a. 硝酸溶液（1:9）：量取 50 mL 硝酸，缓缓加入 450 mL 水中。

b. 硝酸溶液（5:95）：量取 5 mL 硝酸，缓缓加入 95 mL 水中。

c. 氢氧化钾溶液（5 g/L）：称取 5.0 g 氢氧化钾，纯水溶解并定容至 1 000 mL，混匀。

d. 硼氢化钾溶液（5 g/L）：称取 5.0 g 硼氢化钾，用 5 g/L 氢氧化钾溶液溶解并定容至 1 000 mL，混匀。现用现配。

e. 重铬酸钾的硝酸溶液（0.5 g/L）：称取 0.05 g 重铬酸钾溶于 100 mL 硝酸溶液（5:95）中。

f. 硝酸 – 高氯酸混合溶液（5:1）：量取 500 mL 硝酸，100 mL 高氯酸，混匀。

g. 标准品：氯化汞（$HgCl_2$），纯度≥99%。

B. 标准溶液配制

a. 汞标准储备液（1.00 mg/mL）：准确称取 0.135 4 g 经干燥过的氯化汞，用 0.5 g/L 重铬酸钾的硝酸溶液溶解并转移至 100 mL 容量瓶中，稀释至刻度，混匀。此溶液质量浓度为 1.00 mg/mL。于 4℃冰箱中避光保存，可保存 2 年。或购买经国家认证并授予标准物质证书的标准溶液物质。

b. 汞标准中间液（10 μg/mL）：吸取 1.00 mL 汞标准储备液（1.00 mg/mL）于 100 mL 容量瓶中，用 0.5 g/L 重铬酸钾的硝酸溶液稀释至刻度，混匀，此溶液质量浓度为 10 μg/mL。于 4℃冰箱中避光保存，可保存 2 年。

c. 汞标准使用液（50 ng/mL）：吸取 0.50 mL 汞标准中间液（10 μg/mL）于 100 mL 容量瓶中，用 0.5 g/L 重铬酸钾的硝酸溶液稀释至刻度，混匀，此溶液质量浓度为 50 ng/mL，现用现配。

⑤ 主要仪器和设备：玻璃器皿及聚四氟乙烯消解内罐均须以硝酸溶液（1:9）浸泡 24 h，用水反复冲洗，最后用去离子水洗干净。

a. 原子荧光光谱仪。

b. 天平：感量为 0.001 g 和 0.000 1 g。

c. 微波消解仪。

d. 压力消解器。

e. 恒温干燥箱（50~300℃）。

f. 控温电热板（50~200℃）。

g. 超声水浴箱。

⑥ 分析步骤

A. 试样预处理

a. 在采样和制备过程中，应注意不使试样污染。

b. 水产苗种应洗净晾干，进行匀浆，装入洁净聚乙烯瓶中，密封，于4℃冰箱冷藏备用。

B. 试样消解

a. 压力罐消解法：称取固体样品0.200~1.000 g（精确到0.001 g），新鲜样品0.500~2.000 g，置于消解内罐中，加入5 mL硝酸浸泡过夜。盖好内盖，旋紧不锈钢外套，放入恒温干燥箱，140~160℃保持4~5 h，在箱内自然冷却至室温，然后缓慢旋转不锈钢外套，将消解内罐取出，用少量水冲洗内盖，放在控温电热板上或超声水浴箱中，于80℃或超声脱气2~5 min赶去棕色气体。取出消解内罐，将消化液转移至25 mL容量瓶中，用少量水洗涤内罐3次，洗涤液合并于容量瓶中，并定容至刻度，混匀备用。同时作空白实验。

b. 微波消解法：称取固体样品0.200~0.500 g（精确到0.001 g），新鲜样品0.200~0.800 g于消解罐中，加入5~8 mL硝酸，加盖放置过夜，旋紧罐盖，按照微波消解仪的标准操作步骤进行消解。冷却后取出，缓慢打开罐盖排气，用少量水冲洗内盖，将消解罐放在控温电热板上或超声水浴箱中，于80℃或超声脱气2~5 min赶去棕色气体。取出消解内罐，将消化液转移至25 mL容量瓶中，用少量水洗涤内罐3次，洗涤液合并于容量瓶中，并定容至刻度，混匀备用。同时作空白实验。

C. 测定

a. 标准曲线制作：分别吸取50 ng/mL汞标准使用液0.00 mL、0.20 mL、0.50 mL、1.00 mL、1.50 mL、2.00 mL、2.50 mL于50 mL

容量瓶中，用硝酸溶液（1∶9）稀释至刻度，混匀。各混合液中汞的质量浓度分别为 0.00 ng/mL、0.20 ng/mL、0.50 ng/mL、1.00 ng/mL、1.50 ng/mL、2.00 ng/mL、2.50 ng/mL。

b. 试样溶液的测定：设定好仪器最佳条件，连续用硝酸溶液（1∶9）进样，待读数稳定之后，转入标准系列测量，绘制标准曲线。转入试样测量，先用硝酸溶液（1∶9）进样，使读数基本回零，再分别测定试样空白和试样消化液，每测不同的试样前都应清洗进样器。

D. 仪器参考条件

光电倍增管负高压为 240 V；汞空心阴极灯电流为 30 mA；原子化器温度为 300 ℃；载气流速为 500 mL/min；屏蔽气流速为 1 000 mL/min。

⑦ 结果计算：试样中汞含量按下式计算。

$$X = \frac{(c - c_0) \times V \times 1\,000}{m \times 1\,000 \times 1\,000}$$

式中，X 为试样中汞的含量（mg/kg）；c 为测定样液中汞的质量浓度（ng/mL）；c_0 为空白液中汞的质量浓度（ng/mL）；V 为试样消化液定容总体积（mL）；1 000 为换算系数；m 为试样质量（g）。计算结果保留两位有效数字。

第四章

水产饲料质量安全检测

第一节 影响水产饲料安全的主要因素

所谓饲料安全，通常是指饲料产品（包括饲料和饲料添加剂）在按照预期用途进行使用时，不会对动物的健康造成实际危害，而且在动物产品中残留、蓄积和转移的有毒、有害物质或因素在可控制的范围内，不会通过动物消费饲料转移至食品中，导致危害人体健康或对人类的生存环境产生负面影响。饲料安全是动物性食品安全的重要环节。近年来，由饲料的安全问题引发的食品安全事件时有发生，所以食品安全问题已成为政府和全国人民群众关注的焦点。

一、饲料中天然存在的有毒、有害物质

棉籽饼、菜籽饼、大豆饼（粕）、蓖麻饼（粕）等饲料，本身就含有棉酚、异硫氰酸酯、胰蛋白酶抑制剂、凝聚素、光敏物质、硝基化合物等抗营养因子，这些物质轻者降低饲料消化率，重者引起水产动物中毒，并对人类健康造成潜在威胁。

二、微生物污染物

饲料及其原料在运输、贮存、加工及销售过程中，由于保管不善，容易污染上各种霉菌和腐败菌及其毒素，主要有致病性细菌（如沙门氏菌、大肠杆菌）、各种霉菌（如曲霉属、青霉属、镰刀菌属等）及其毒素、病毒（或朊蛋白）、弓形体。有许多人畜共患的传染病，病原微生物通过被污染的饲料使鱼类致病，并污染水

产品而危害人类健康。饲料霉变不仅会降低饲料的营养价值和适口性，更严重的是能产生多种毒素，尤其以黄曲霉毒素 B_1 毒性最强，有很强的致畸、致癌性，急性中毒会引起水产动物死亡，更多的是慢性中毒，毒素在动物体内蓄积，影响水产品的质量，危害人体健康。

三、饲料配制过程中的人为因素

近年来，随着饲料工业的迅速发展，各种各样的饲料添加剂被广泛用于配合饲料中，对促进鱼类生长和提高养殖经济效益起了重要作用，但这类物质的滥用和不按规定使用的现象还十分严重，对饲料安全构成巨大的威胁。

1. 滥用或非法使用药物添加剂及违禁药品

农业部于 2001 年 6 月发布了《饲料药物添加剂使用规范》（农业部 168 号公告），规定了 57 种饲料药物添加剂的有效成分、含量规格、适用动物、作用与用途、用法用量、休药期、注意事项等；2002 年 2 月发布了《禁止在饲料和动物饮用水中使用的药物品种目录》（农业部 176 号公告）；2002 年 4 月发布了《食品动物禁用的兽药及其化合物清单》（农业部 193 号公告）。这些公告强调严禁在饲料及饲料产品中添加未经农业部批准使用的兽药品种，严禁非法使用违禁兽药。

饲料中抗生素及一些药物添加剂容易引起药物残留，是目前影响水产品安全性的主要因素。如喹乙醇曾经是我国水产配合饲料中使用最多、最主要的促生长剂之一，对水产动物有着较强的抗菌和促生长作用。但是近年来研究发现，过量使用喹乙醇会引起水产动物抗应激能力下降，甚至死亡，过量残留还会导致人们食用后的健康安全，农业部已于 2002 年将其列为无公害水产品的禁用渔药。

2. 重金属元素

饲料中的铅、汞、无机砷、镉、铬等重金属含量超过一定限度，会对水产养殖动物的生长造成危害，并且这些元素可以在鱼体内富集，其残留量过高会影响人们食用的安全。水产配合饲料中重金属的来源主要为动物性原料，如鱼粉、皮革粉等，预混料的矿物质添加剂也是重金属的来源之一。

3. 农药

不适当地长期和大量使用农药，可使环境和饲料受到污染，破坏生态平衡，对动物健康和生产以及对人类健康造成危害。农药的种类繁多，按其化学成分可分为：有机磷制剂、有机氯制剂、有机氮制剂、氨基甲酸酯类、拟除虫菊酯类和砷制剂、汞制剂等。大部分农药化学性质稳定，不易分解，在环境中的残留期长，可在动植物体内长期蓄积，通过食物链对鱼类和人体产生中毒效应。

4. 油脂酸败和组胺

鱼粉和鱼油是渔用饲料加工的主要原料，它们都含有较高的不饱和脂肪酸，极易氧化酸败。饲料脂肪氧化酸败也称饲料酸败，油脂长期储存于不适宜条件下，发生一系列化学变化，其中含有不饱和键的物质（脂肪、脂肪酸、脂溶性维生素及其他脂溶性物质）发生氧化反应产生游离脂肪酸、酮和醛等多种氧化产物，使其酸价、过氧化物值及熔点增高，并对油脂的感观性质发生不良影响的变化。长期摄入酸败油脂，会使动物体重减轻和发育障碍，器官病变。水产饲料中鱼粉用量一般都较高，若鱼粉原料不新鲜或者储存时间过久，就会引起鲜度下降，挥发性盐基氮（VBN）和组胺含量升高。实际上使用不新鲜、腐败霉变的鱼或肉制品制作的鱼粉或肉骨粉产品，其生物胺含量一般都较高，其中主要是组胺。组胺是组氨酸的分解产物，是组氨酸在莫根氏变形杆菌、组胺无色杆菌等细菌存在的组氨酸脱羟酶作用下，脱去羟基后形成的一种胺类物质。它是一种毒素，动物摄入一定量的组胺后会引起中毒。因此，组胺含量可作为鱼粉或肉骨粉鲜度下降的重要指标。

5. 转基因饲料

转基因饲料的安全问题目前尚无定论，这是一个目前还存在争议的问题，但它确实应该引起足够的重视，如用转基因原料生产出来的饲料饲养出来的动物是否会产生遗传，这样的动物性食品是否与非转基因食品"实质等同"、有无显著差异，转基因食品在某些情况下是否会产生过敏、对生态安全性的影响怎样等。目前，已用转基因技术培育出了高油、高赖氨酸玉米，"双低"油菜，高蛋氨酸大豆，无色素腺体棉花等，它们中的一部分已被用作饲料原料。这些原料与自然条件下生产出来的相比，具有营养价值高的特点，但在尚未完全了解其安全性之前，我们应该保持足够的审慎。

第二节　饲料安全管理法规及风险管理

一、饲料原料和饲料添加剂相关法规

出于对食品安全的重视，我国政府建立了完整的法规体系，对饲料行业实施严格的监管。凡有违规违法行为，将受到相应处罚，直至追究刑事责任。目前饲料行业管理法规体系由下列法规、部门规章和规范性文件构成：《饲料和饲料添加剂管理条例》（中华人民共和国国务院令第 609 号）（2016 年修订）、《兽药管理条例》（中华人民共和国国务院令第 404 号）（2014 年修订）、《饲料和饲料添加剂生产许可管理办法》（中华人民共和国农业部令 2013 年第 5 号修订）、《新饲料和新饲料添加剂管理办法》（中华人民共和国农业农村部令 2022 年第 1 号修订）、《饲料添加剂和添加剂预混合饲料产品批准文号管理办法》（中华人民共和国农业部令 2012 年第 5 号）、《进口饲料和饲料添加剂登记管理办法》（中华人民共和国农业部令 2014 年第 2 号）、《饲料质量安全管理规范》（中华人民共和国农业部令 2014 年第 1 号）、《饲料原料目录》（中华人民共和国农业部公告第 1773 号）、《饲料添加剂品种目录（2013）》（中华人民共和国农业部公告 2045 号）、《饲料添加剂安全使用规范（2017 年修订版）》（中华人民共和国农业部公告第 2625 号）、《饲料生产企业许可条件》（中华人民共和国农业部公告第 1849 号）、《混合型饲料添

加剂生产企业许可条件》(中华人民共和国农业部公告第 1849 号)、《饲料和饲料添加剂行政许可申报材料要求》(中华人民共和国农业部公告第 1867 号,2017 年农业部令第 8 号修订)。两个强制性国家标准为《饲料标签》(GB 10648—2013)和《饲料卫生标准》(GB 13078—2017)。两个禁止性文件为《禁止在饲料和动物饮用水中使用的药物品种目录》(中华人民共和国农业部公告第 176 号)和《禁止在饲料和动物饮用水中使用的物质》(中华人民共和国农业部公告第 1519 号)。

根据《饲料和饲料添加剂管理条例》《兽药管理条例》有关规定,按照《遏制细菌耐药国家行动计划(2016—2020 年)》和《全国遏制动物源细菌耐药行动计划(2017—2020 年)》部署,自 2020 年 1 月 1 日起,退出除中药外所有促生长类药物饲料添加剂品种;自 2020 年 7 月 1 日起,饲料生产企业停止生产含有促生长类药物饲料添加剂(中药类除外)的商品饲料。

二、饲料有毒、有害物质限量标准概况

我国饲料工业在发展过程中,高度重视饲料产品质量,特别是国务院颁布《饲料和饲料添加剂管理条例》以来,不断加强饲料法制建设,全面规范饲料的生产、经营和使用行为。2009 年农业部公布了第 1126 号和第 1224 号公告,更新了饲料添加剂品种目录,并对 73 种饲料添加剂提出了使用规范和安全限量,这在饲料行业乃至社会各界产生巨大震动。一方面民众对规范的提出给予了肯定,另一方面也对其中某些限量的制定提出了质疑。后经多次修订,目前最新修订为 2021 年发布的中华人民共和国农业农村部公告第 459 号。全球目前对饲料安全和食品安全的重视程度达到了前所未有的程度,我国《食品安全法》的出台也成为处理食品安全事件的基本依据。

第三节　水产饲料安全检测指标与方法

随着水产养殖业的进一步规模化、集约化发展，作为动物性食品安全基础的饲料质量安全日趋重要。饲料原料中原有或外来污染的有毒、有害物质及作为添加剂超量、超范围使用的物质会在水产动物体内残留、蓄积，通过水产品食用最终对人类健康造成严重伤害，水产饲料产品质量安全已切实关系到水产养殖动物和人类的安全与健康。饲料质量检测是保证饲料原料和各种水产饲料产品质量安全的重要手段，是保证人民群众食品安全的基础，亦是促进水产养殖业健康发展的重要措施。在 2017 年颁布的《饲料卫生标准》（GB 13078—2017）中对相关指标的限量及检测方法进行了规定。

一、水产饲料中有机氯污染物限量及检测方法

1. 有机氯污染物

多氯联苯（PCB，以 PCB28、PCB52、PCB101、PCB138、PCB153、PCB180 之和计）在植物性饲料原料、矿物质饲料、动物脂肪、乳脂、蛋脂原料中的限量为 10 μg/kg，在鱼油中的限量为 175 μg/kg，在鱼和其他水生动物及其制品（鱼油、脂肪含量大于 20% 的鱼蛋白水解物除外）中的限量为 30 μg/kg，在脂肪含量大于 20% 的鱼蛋白水解物中的限量为 50 μg/kg；在水产浓缩料、水平配合饲料中的限量为 40 μg/kg。检测方法参考《食品安全国家标准　食品中指示性多氯联苯含量的测定》（GB 5009.190—2014）。

六六六（HCH，以 α–HCH、β–HCH、γ–HCH 之和计）在谷物及其加工产品（油脂除外）、油料籽实及其加工产品（油脂除外）、鱼粉中的限量为 0.05 mg/kg，油脂中的限量为 2.0 mg/kg，其他饲料原料中的限量为 0.2 mg/kg；在水产添加剂预混料、浓缩料、配合饲料中的限量为 0.2 mg/kg。检测方法参考《饲料中六六六、滴滴涕的测定》（GB/T 13090—2006），在油脂中的检测方法参考《食品中有

机氯农药多组分残留量的测定》（GB/T 5009.19—2008）。

滴滴涕（以 $p \cdot p'$–DDE、$o \cdot p'$–DDT、$p \cdot p'$–DDD、$p \cdot p'$–DDT 之和计）在谷物及其加工产品（油脂除外）、油料籽实及其加工产品（油脂除外）、鱼粉中的限量为 0.02 mg/kg，油脂中的限量为 0.5 mg/kg，其他饲料原料中的限量为 0.05 mg/kg；在水产添加剂预混料、浓缩料、配合饲料中的限量为 0.05 mg/kg。检测方法参考《饲料中六六六、滴滴涕的测定》（GB/T 13090—2006），在油脂中的检测方法为参考《食品中有机氯农药多组分残留量的测定》（GB/T 5009.19—2008）。

六氯苯（HCB）在油脂中的限量为 0.2 mg/kg，其他饲料原料中的限量为 0.01 mg/kg；在水产添加剂预混料、浓缩料、配合饲料中的限量为 0.01 mg/kg。检测方法参考《进出口动物源性食品中六六六、滴滴涕和六氯苯残留量的检测方法 气相色谱－质谱法》（SN/T 0127—2011）。

二、水产饲料中天然毒素限量及检测方法

1. 霉菌毒素

霉菌毒素对动物生产和食品安全有着重要的影响。霉菌毒素的种类很多，目前危害性比较大的主要有黄曲霉毒素、脱氧雪腐镰刀菌烯醇（呕吐毒素）、玉米赤霉烯酮、T-2 毒素、赭曲霉毒素、伏马毒素等，而每一类霉菌毒素（如黄曲霉毒素）又包含很多种。

黄曲霉毒素 B_1 在玉米加工产品、花生饼（粕）中的限量是 50 µg/kg，植物油脂（玉米油、花生油除外）中的限量是 10 µg/kg，玉米油、花生油中的限量是 20 µg/kg，其他植物性饲料原料中的限量是 30 µg/kg；水产饲料浓缩料及配合饲料中的限量是 20 µg/kg。检测方法参考《饲料中黄曲霉毒素、玉米赤霉烯酮和 T-2 毒素的测定 液相色谱－串联质谱法》（NY/T 2071—2011）。

玉米赤霉烯酮在玉米及其加工产品（玉米皮、喷浆玉米皮、玉米浆干粉除外）中限量为 0.5 mg/kg，在玉米皮、喷浆玉米皮、玉米

浆干粉中限量为 1.5 mg/kg，其他植物性饲料原料中限量是 1 mg/kg；水产饲料浓缩料及配合饲料中的限量是 0.5 mg/kg。检测方法参考《饲料中黄曲霉毒素、玉米赤霉烯酮和 T-2 毒素的测定　液相色谱－串联质谱法》（NY/T 2071—2011）。

赭曲霉毒素在谷物及其加工产品中限量为 100 μg/kg；在水产配合饲料中限量为 100 μg/kg。检测方法参考《饲料中赭曲霉毒素 A 的测定　免疫亲和柱净化－高效液相色谱法》（GB/T 30957—2014）。

脱氧雪腐镰刀菌烯醇（呕吐毒素）在植物性饲料原料中的限量为 5 mg/kg；在水产配合饲料中限量为 3 mg/kg。检测方法参考《饲料中脱氧雪腐镰刀菌烯醇的测定　免疫亲和柱净化－高效液相色谱法》（GB/T 30956—2014）。

T-2 毒素在植物性饲料原料中的限量为 0.5 mg/kg；在水产配合饲料中限量为 0.5 mg/kg。检测方法参考《饲料中黄曲霉毒素、玉米赤霉烯酮和 T-2 毒素的测定　液相色谱－串联质谱法》（NY/T 2071—2011）。

伏马毒素（B1+B2）在玉米及其加工产品、玉米酒糟类产品、玉米青贮饲料和玉米秸秆中的限量是 60 mg/kg；在水产配合饲料中的限量是 10 mg/kg。检测方法参考《饲料中伏马毒素的测定》（NY/T 1970—2010）。

2. 天然植物毒素

氰化物（以 HCN 计）在亚麻籽中限量为 250 mg/kg，亚麻籽饼、亚麻籽粕中限量为 350 mg/kg，在木薯及其加工产品中限量为 100 mg/kg，其他饲料原料中限量为 50 mg/kg；在水产饲料产品中限量是 50 mg/kg。检测方法参考《饲料中氰化物的测定》（GB/T 13084—2006）。

游离棉酚在棉籽油中限量为 200 mg/kg，在棉籽中限量为 5 000 mg/kg，在脱酚棉籽蛋白、发酵棉籽蛋白中限量为 400 mg/kg，其他棉籽加工产品中限量为 1 200 mg/kg，其他饲料原料中的限量为 20 mg/kg；在植食性、杂食性水产动物配合饲料中的限量是

300 mg/kg，其他水产配合饲料中限量是 150 mg/kg。检测方法参考《饲料中游离棉酚的测定方法》（GB/T 13086—2020）。

异硫氰酸酯（以丙烯基异硫氰酸酯计）在菜籽及其加工产品中的限量是 400 mg/kg，其他饲料原料中的限量是 100 mg/kg；在水产配合饲料中的限量是 800 mg/kg。检测方法参考《饲料中异硫氰酸酯的测定方法》（GB/T 13087—2020）。

噁唑烷硫酮（以 5- 乙烯基 - 噁唑 -2- 硫酮计）在菜籽及其加工产品中的限量为 2 500 mg/kg；在水产配合饲料中的限量为 800 mg/kg。检测方法参考《饲料中噁唑烷硫酮的测定》（GB/T 13089—2020）。

三、水产饲料中重金属限量及检测方法

1. 砷

总砷在藻类及其加工产品中的限量为 40 mg/kg，甲壳类动物及其副产品（虾油除外）、鱼虾粉、水生软体动物及其副产品（油脂除外）中的限量为 15 mg/kg，其他水生动物源性饲料原料（不含水生动物油脂）、肉粉、肉骨粉及其他矿物质饲料原料中的限量为 10 mg/kg，在油脂中的限量为 7 mg/kg，其他饲料原料中的限量为 2 mg/kg；水产配合饲料中限量为 10 mg/kg。检测方法参考《饲料中总砷的测定》（GB/T 13079—2006）。

2. 铅

铅在单细胞蛋白饲料原料中的限量为 5 mg/kg，矿物质饲料原料中的限量为 15 mg/kg，其他饲料原料中的限量为 10 mg/kg；在添加剂预混料中的限量为 40 mg/kg，浓缩饲料中限量为 10 mg/kg；在水产配合饲料中的限量为 5 mg/kg。检测方法参考《饲料中铅的测定　原子吸收光谱法》（GB/T 13080—2018）。

3. 汞

汞在鱼、其他水生生物及其副产品类饲料原料中的限量为 0.5 mg/kg，其他饲料原料中的限量为 0.1 mg/kg；在水产配合饲料

中的限量为 0.5 mg/kg。检测方法参考《饲料中汞的测定》(GB/T 13081—2006)。

4. 镉

镉在藻类及其加工产品中的限量为 2 mg/kg，植物性饲料原料中限量为 1 mg/kg，水生软体动物及其副产品中的限量为 75 mg/kg，其他动物源性饲料原料中的限量为 2 mg/kg，石粉中的限量为 0.75 mg/kg，其他矿物质饲料原料中的限量为 2 mg/kg；虾、蟹、海参、贝类配合饲料中的限量为 2 mg/kg，水产配合饲料（虾、蟹、海参、贝类配合饲料除外）中的限量为 1 mg/kg。检测方法参考《饲料中镉的测定》(GB/T 13082—2021)。

5. 铬

铬在饲料原料中的限量统一为 5 mg/kg；在水产饲料添加剂预混料、浓缩料及配合饲料中的限量为 10 mg/kg。检测方法参考《饲料中铬的测定》(GB/T 13088—2006)中的原子吸收光谱法。

6. 氟

氟在甲壳类动物及其副产品中的限量为 3 000 mg/kg，其他动物源性饲料原料中的限量为 500 mg/kg，在矿物质饲料原料中的限量为 400 mg/kg，其他饲料原料中的限量为 150 mg/kg；在添加剂预混料中的限量为 800 mg/kg，在浓缩饲料中的限量为 500 mg/kg，在水产配合饲料中的限量为 350 mg/kg。检测方法参考《饲料中氟的测定　离子选择性电极法》(GB/T 13083—2018)。

四、微生物污染物的限量及检测方法

1. 霉菌总数

霉菌总数（CFU/g）在谷物及其加工产品中的限量为 4×10^4，在饼粕类饲料原料（发酵产品除外）中的限量为 4×10^3，在鱼粉中的限量为 1×10^4，其他动物源性饲料原料中的限量为 2×10^4。检测方法参考《饲料中霉菌总数的测定》(GB/T 13092—2006)。

2. 细菌总数

动物源性饲料原料中细菌总数（CFU/g）的限量为 2×10^6，检测方法参考《饲料中细菌总数的测定》（GB/T 13093—2006）。

3. 沙门氏菌

沙门氏菌在饲料原料和饲料产品中均不得检出，检测方法参考《饲料中沙门氏菌的测定》（GB/T 13091—2018）。

第五章

水产品质量安全检测

第一节　水产品质量检测指标与方法

一、主体成分

1. 水分

根据《食品安全国家标准　食品中水分的测定》（GB 5009.3—2016）规定的方法，第一法（直接干燥法）适用于水产品水分的测定。

（1）原理　利用食品中水分的物理性质，在 101.3 kPa（一个大气压），温度 101~105℃下采用挥发方法测定样品中干燥减少的质量，包括吸湿水、部分结晶水和该条件下能挥发的物质，再通过干燥前后的称量数值计算出水分的含量。

（2）主要仪器和设备　扁形铝制或玻璃制称量瓶、电热恒温干燥箱、干燥器（内附有效干燥剂）、天平（感量为 0.000 1 g）。

（3）分析步骤　取洁净扁形铝制或玻璃制称量瓶，置于 101~105℃电热恒温干燥箱中，瓶盖斜支于瓶边，加热 1 h，取出盖好，置干燥器内冷却 30 min，称量，并重复干燥至前后两次质量差不超过 0.002 g，即为恒重。将混合均匀的试样迅速磨细至颗粒小于 2 mm，不易研磨的样品应尽可能切碎，称取 2.000 0~10.000 0 g 试样（精确至 0.000 1 g），放入此称量瓶中，试样厚度不超过 5 mm，如为疏松试样，厚度不超过 10 mm，加盖，精密称量后，置 101~105℃电热恒温干燥箱中，瓶盖斜支于瓶边，干燥 2~4 h 后，盖好取出，放入干燥器内冷却 0.5 h 后称量。然后再放入 101~105℃电热恒温干燥箱中干燥 1 h 左右，取出，放入干燥器内冷却 0.5 h 后再称量。

并重复以上操作至前后两次质量差不超过 2 mg，即为恒重。试样中的水分含量按下式计算。

$$X = (m_1 - m_2) / (m_1 - m_3) \times 100$$

式中，X 为试样中水分的含量（g/100 g）；m_1 为称量瓶（加海砂、玻棒）和试样的质量（g）；m_2 为称量瓶（加海砂、玻棒）和试样干燥后的质量（g）；m_3 为称量瓶（加海砂、玻棒）的质量（g）；100 为换算系数。水分含量 ≥1 g/100 g 时，计算结果保留三位有效数字；水分含量 <1 g/100 g 时，计算结果保留两位有效数字。

2. 蛋白质

根据《食品安全国家标准　食品中蛋白质的测定》（GB 5009.5—2016）规定的方法，第一法（凯氏定氮法）和第二法（分光光度法）适用于水产品蛋白质的测定。本书采用凯氏定氮法。

（1）原理　食品中的蛋白质在催化加热条件下被分解，产生的氨与硫酸结合生成硫酸铵。碱化蒸馏使氨游离，用硼酸吸收后以硫酸或盐酸标准滴定溶液滴定，根据酸的消耗量计算氮含量，再乘以换算系数，即为蛋白质的含量。

（2）试剂和材料　硫酸铜（$CuSO_4 \cdot 5H_2O$）、硫酸钾（K_2SO_4）、硫酸（H_2SO_4）、硼酸（H_3BO_3）、甲基红指示剂（$C_{15}H_{15}N_3O_2$）、溴甲酚绿指示剂（$C_{21}H_{14}Br_4O_5S$）、亚甲基蓝指示剂（$C_{16}H_{18}ClN_3S \cdot 3H_2O$）、氢氧化钠（NaOH）、95% 乙醇（$C_2H_5OH$）。

① 硼酸溶液（20 g/L）：称取 20 g 硼酸，加水溶解后并稀释至 1 000 mL。

② 氢氧化钠溶液（400 g/L）：称 40 g 氢氧化钠加水溶解后，放冷，并稀释至 100 mL。

③ 0.050 0 mol/L 硫酸标准滴定溶液（1/2 H_2SO_4）或 0.050 0 mol/L 盐酸标准滴定溶液（HCl）。

④ 甲基红乙醇溶液（1 g/L）：称取 0.1 g 甲基红指示剂，溶于 95% 乙醇，用 95% 乙醇稀释至 100 mL。

⑤ 亚甲基蓝乙醇溶液（1 g/L）：称取 0.1 g 亚甲基蓝指示剂，

溶于95%乙醇，用95%乙醇稀释至100 mL。

⑥ 溴甲酚绿乙醇溶液（1 g/L）：称取0.1 g溴甲酚绿指示剂，溶于95%乙醇，用95%乙醇稀释至100 mL。

⑦ A混合指示液：2份甲基红乙醇溶液与1份亚甲基蓝乙醇溶液临用时混合。

⑧ B混合指示液：1份甲基红乙醇溶液与5份溴甲酚绿乙醇溶液临用时混合。

（3）主要仪器和设备　天平（感量为0.001g）、自动凯氏定氮仪。

（4）分析步骤　称取充分混匀的固体试样0.200~2.000 g、半固体试样2.000~5.000 g或液体试样10.000~25.000 g（相当于0.03~0.04 g氮，精确至0.001 g）至消化管中，再加入0.4 g硫酸铜、6 g硫酸钾及20 mL硫酸于消化炉进行消化。当消化炉温度达420℃后，继续消化1 h，此时消化管中的液体呈绿色透明状，取出冷却后加50 mL水，于自动凯氏定氮仪（使用前加入氢氧化钠溶液、盐酸或硫酸标准滴定溶液以及含有A混合指示液或B混合指示液的硼酸溶液）上实现自动加液、蒸馏、滴定和记录滴定数据的过程。

（5）结果计算　试样中蛋白质的含量按下式计算。

$$X = \frac{(V_1 - V_2) \times c \times 0.014\,0}{m \times V_3/10} \times F \times 100$$

式中，X为试样中蛋白质的含量（g/100 g）；V_1为试液消耗硫酸或盐酸标准滴定溶液的体积（mL）；V_2为试剂空白消耗硫酸或盐酸标准滴定溶液的体积（mL）；c为硫酸或盐酸标准滴定溶液的浓度（mol/L）；0.014 0为1.0 mL 1.000 mol/L硫酸（1/2 H_2SO_4）或1.000 mol/L盐酸（HCl）标准滴定溶液相当的氮的质量（g）；m为试样的质量（g）；V_3为吸取消化液的体积（mL）；F为氮换算为蛋白质的系数；100为换算系数。蛋白质含量≥1 g/100 g时，计算结果保留三位有效数字，蛋白质含量＜1 g/100 g时，计算结果保留两位有效数字。

3. 脂肪

根据《食品安全国家标准　食品中脂肪的测定》（GB 5009.6—2016）规定的方法，第一法（索氏抽提法）适用于水产品脂肪的测定。

（1）原理　样品用无水乙醚或石油醚等溶剂抽提后，蒸去溶剂所得的物质，在食品分析上称为脂肪或粗脂肪。因为除脂肪外，还含色素及挥发油、蜡、树脂等物。抽提法所测得的脂肪为游离脂肪。

（2）试剂　无水乙醚或石油醚。

（3）主要仪器和设备　索氏提取器、分析天平、干燥器。

（4）分析步骤

① 样品处理：精密称取 2～5 g（取测定水分后的样品），必要时拌以海砂，全部移入滤纸筒内。

② 抽提：将滤纸筒放入索氏抽提器的抽提筒内，连接已干燥至恒量的接收瓶，由抽提器冷凝管上端加入无水乙醚或石油醚至瓶内容积的 2/3 处，于水浴上加热，使无水乙醚或石油醚不断回流提取，一般抽取 6～12 h。

③ 称量：取下接收瓶，回收无水乙醚或石油醚，待接收瓶内乙醚剩 1～2 mL 时在水浴上蒸干，再于 95～105℃干燥 2 h，放干燥器内冷却 0.5 h 后称量。

（5）结果计算

$$X = (m_1 - m_0)/m_2 \times 100$$

式中，X 为样品中脂肪的百分比（%）；m_1 为接收瓶和脂肪的质量（g）；m_0 为接收瓶的质量（g）；m_2 为样品的质量（如是测定水分后的样品，按测定水分前的质量计）（g）；100 为换算系数。

4. 灰分

根据《食品安全国家标准　食品中灰分的测定》（GB 5009.4—2016）规定方法测定。

（1）原理　食品经灼烧后所残留的无机物质称为灰分。灰分数值系用灼烧、称量后计算得出。

（2）试剂和材料

① 乙酸镁 [（CH$_3$COO）$_2$Mg·4H$_2$O）]：分析纯。

② 乙酸镁溶液（80 g/L）：称取 8.0 g 乙酸镁加水溶解并定容至 100 mL，混匀。

③ 乙酸镁溶液（240 g/L）：称取 24.0 g 乙酸镁加水溶解并定容至 100 mL，混匀。

（3）主要仪器和设备　马弗炉（温度≥600℃）、天平（感量为 0.000 1 g）、石英坩埚或瓷坩埚、干燥器（内有干燥剂）、电热板、水浴锅。

（4）分析步骤

① 坩埚的灼烧：取大小适宜的石英坩埚或瓷坩埚置马弗炉中，在（550±25）℃下灼烧 0.5 h，冷却至 200℃左右，取出，放入干燥器中冷却 30 min，准确称量。重复灼烧至前后两次称量相差不超过 0.000 5 g 为恒重。

② 称样：灰分 ≥ 1/10 的试样称取 2.000 0～3.000 0 g（精确至 0.000 1 g）；灰分 < 1/10 的试样称取 3.000 0～10.000 0 g（精确至 0.000 1 g）。

③ 测定：称取试样后，加入 1.00 mL 乙酸镁溶液（240 g/L）或 3.00 mL 乙酸镁溶液（80 g/L），使试样完全润湿。放置 10 min 后，在水浴锅上将水分蒸干。先在电热板上以小火加热使试样充分炭化至无烟，然后置于马弗炉中，在（550±25）℃灼烧 4 h。冷却至 200℃左右，取出，放入干燥器中冷却 30 min，称量前如发现灼烧残渣有炭粒时，应向试样中滴入少许水湿润，使结块松散，蒸干水分再次灼烧至无炭粒即表示灰化完全，方可称量。重复灼烧至前后两次称量相差不超过 0.000 5 g 为恒重。按下式计算。吸取 3 份与第一步相同浓度和体积的乙酸镁溶液，做 3 次试剂空白实验。当 3 次实验结果的标准偏差小于 0.003 g 时，取算术平均值作为空白值。若标准偏差超过 0.003 g 时，应重新做空白值实验。

$$X = \frac{m_1 - m_2 - m_0}{m_3 - m_2} \times 100$$

式中，X 为试样中灰分的含量（g/100 g）；m_0 为氧化镁（乙酸镁灼烧后生成物）的质量（g）；m_1 为坩埚和灰分的质量（g）；m_2 为坩埚的质量（g）；m_3 为坩埚和试样的质量（g）；100 为换算系数。试样中灰分含量 ≥ 10 g/100 g 时，计算结果保留三位有效数字；试样中灰分含量 < 10 g/100 g 时，计算结果保留两位有效数字。

二、氨基酸含量检测

参照《食品安全国家标准　食品中氨基酸的测定》（GB 5009.124—2016），采用氨基酸自动分析仪法测定。

1. 原理

食物蛋白质经盐酸水解成为游离氨基酸，经氨基酸自动分析仪的离子交换柱分离后，与茚三酮溶液产生显色反应，再通过分光光度计比色测定氨基酸含量。一份水解液可同时测定亮氨酸、脯氨酸、异亮氨酸、苯丙氨酸、赖氨酸、苏氨酸、蛋氨酸、色氨酸、组氨酸、酪氨酸、缬氨酸、丙氨酸、丝氨酸、甘氨酸、精氨酸、天冬氨酸、半胱氨酸、谷氨酸等 18 种氨基酸，其最低检测限为 10 pmol。

2. 主要仪器和设备

真空泵、恒温干燥箱、水解管（耐压螺盖玻璃管或硬质玻璃管，体积 20～30 mL，用去离子水冲洗干净并烘干）、真空干燥器（温度可调节）、氨基酸自动分析仪。

3. 试剂

全部试剂除注明外均为分析纯，实验用水为去离子水。

（1）缓冲液

① pH 2.2 的柠檬酸钠缓冲液：称取 19.6 g 柠檬酸钠（$Na_3C_6H_5O_7 \cdot 2H_2O$）和 16.5 mL 浓盐酸加水稀释到 1 000 mL，用浓盐酸或 500 g/L 氢氧化钠溶液调节 pH 至 2.2。

② pH 3.3 的柠檬酸钠缓冲液：称取 19.6 g 柠檬酸钠和 12 mL 浓盐酸加水稀释到 1 000 mL，用浓盐酸或 500 g/L 氢氧化钠溶液调节 pH 至 3.3。

③ pH 4.0 的柠檬酸钠缓冲液：称取 19.6 g 柠檬酸钠和 9 mL 浓盐酸加水稀释到 1 000 mL，用浓盐酸或 500 g/L 氢氧化钠溶液调节 pH 至 4.0。

④ pH 6.4 的柠檬酸钠缓冲液：称取 19.6 g 柠檬酸钠和 46.8 g 氯化钠（优级纯）加水稀释到 1 000 mL，用浓盐酸或 500 g/L 氢氧化钠溶液调节 pH 至 6.4。

（2）其他试剂

① 浓盐酸：优级纯。

② 6 mol/L 盐酸：浓盐酸与水 1：1 混合而成。

③ 苯酚：须重蒸馏。

④ 混合氨基酸标准液：0.002 5 mol/L。

⑤ pH 5.2 的乙酸锂溶液：称取氢氧化锂（LiOH·H$_2$O）168 g，加入无水乙酸（优级纯）279 mL，加水稀释到 1 000 mL，用浓盐酸或 500 g/L 氢氧化钠溶液调节 pH 至 5.2。

⑥ 茚三酮溶液：取 150 mL 二甲基亚砜（DMSO）和乙酸锂溶液 50 mL，加入 4 g 水合茚三酮（C$_9$H$_4$O$_3$·H$_2$O）和 0.12 g 还原茚三酮（C$_{18}$H$_{10}$O$_6$·2H$_2$O）搅拌至完全溶解。

⑦ 高纯氮气：纯度 99.99%。

⑧ 冷冻剂：市售食盐与冰按 1：3 混合。

4. 分析步骤

（1）样品处理　样品采集后用匀浆机打成匀浆（或者将样品尽量粉碎）于低温冰箱中冷冻保存，分析用时将其解冻后使用。

（2）称样　准确称取一定量样品，精确到 0.000 1 g。均匀性好的样品（如奶粉等），使样品蛋白质含量在 0.01 ~ 0.02 g；均匀性差的样品（如鲜肉等），为减少误差可适当增大称样量，测定前再稀释。将称好的样品放于水解管中。

（3）水解　在水解管内加 6 mol/L 盐酸 10~15 mL（视样品蛋白质含量而定），含水量高的样品（如牛奶）可加入等体积的浓盐酸，加入新蒸馏的苯酚 3~4 滴，再将水解管放入冷冻剂中，冷冻 3~5 min，再接到真空泵的抽气管上，抽真空，然后充入高纯氮气；再抽真空充氮气，重复三次后，在充氮气状态下封口或拧紧螺丝盖将已封口的水解管放在（110±1）℃的恒温干燥箱内，水解 22 h 后，取出冷却。

打开水解管，将水解液过滤后，用去离子水多次冲洗水解管，将水解液全部转移到 50 mL 容量瓶内，用去离子水定容。吸取滤液 1 mL 于 5 mL 容量瓶内，用真空干燥器在 40~50℃干燥，残留物用 1~2 mL 水溶解，再干燥，反复进行两次，最后蒸干，用 1 mL pH 2.2 的柠檬酸钠缓冲液溶解，供仪器测定用。

（4）测定　准确吸取 0.200 mL 混合氨基酸标准液，用 pH 2.2 的柠檬酸钠缓冲液稀释到 5 mL，此标准稀释浓度为 5.00 nmol/50 μL，作为上机测定用的氨基酸标准，用氨基酸自动分析仪以外标法测定样品测定液的氨基酸含量。

5. 结果计算

上机样品液（50 μL）中氨基酸含量（nmol）= 上机标准液（50 μL）中氨基酸含量（nmol）× 样品峰面积。

三、脂肪酸含量检测

1. 原理

气相色谱法是利用色谱柱中装入担体及固定液，用载气把欲分析的混合物带入色谱柱，在一定的温度与压力条件下，各气体组分在载气和固定液薄膜的气液两相中的分配系数不同，随着载气的向前流动，样品各组分在气液两相中反复进行分配，使脂肪酸各组分的移动速率有快有慢，从而可将各组分分离开。

2. 主要仪器

气相色谱仪；氢火焰离子化检测器；氮气、氢气、压缩空气；

微处理机；色谱柱 200 mm × 4 mm 或 300 mm × 4 mm，填充 80 目或 100 目 Chromosorb W，涂以 8% 或 10% 二乙二醇琥珀酸酯（DEGS）气相色谱条件。

3. 试剂

盐酸；石油醚（沸程 30～60℃，分析纯）；乙醚；乙醇；异辛烷；十三烷酸甲酯内标溶液；苯；无水甲醇；0.4 mol/L 氢氧化钾甲醇溶液：称 2.24 g 氢氧化钾溶于少许甲醇中，然后用甲醇稀释到 10 mL。

4. 分析步骤

（1）准确称取样品 10.00 g 置于 250 mL 具塞三角瓶中，加 25 mL 水加热溶解，混匀后再加 20 mL 盐酸溶液（浓盐酸先用等体积的水进行稀释）摇匀。将摇匀后的样液放置在附带加热功能的超声波清洗仪中，90℃超声提取 30 min。取出后加入 20 mL 乙醚，冷却后加入 20 mL 乙醇加塞超声提取 5 min，后再加入 25 mL 石油醚，超声提取 5 min，振摇后离心静置，将有机层转入烧瓶中。再分别萃取 2 次，后两次每次加入的试剂为 15 mL 乙醚、10 mL 乙醇、15 mL 石油醚，操作方法同第 1 次萃取。把提取的所有有机层合并，减压浓缩至近干，用异辛烷溶解残留物并定容至 5 mL，摇匀，加 1 mL 十三烷酸甲酯内标溶液，吸取 2 mL 氢氧化钾甲醇溶液，超声振摇 25 min，进行甲基化反应。如果有机层有浑浊，可离心至澄清，此有机层为样品待测液。

（2）称取 0.03～0.10 g（2～6 滴）待测液，置入 10 mL 容量瓶内，加入 1～2 mL 30～60℃沸程石油醚和苯的混合溶剂（1：1），轻轻摇动使油脂溶解。

（3）加入 1～2 mL 0.4 mol/L 氢氧化钾甲醇溶液，混匀。在室温静置 5～10 min 后，加蒸馏水使全部石油醚苯甲酯溶液升至瓶颈上部，放置待澄清。如上清液浑浊而又急待分析时，可滴入数滴无水乙醇，1～2 min 即可澄清。

（4）吸取上清液，在室温下吹入氮使其浓缩，所得浓缩液即可用于气相色谱分析。

第二节   水产品安全检测指标与方法

一、水产品违禁药品检测方法

水产品违禁药品检测方法参考以下公告及国家标准方法。

农业部 1077 号公告—1—2008《水产品中 17 种磺胺类及 15 种喹诺酮类药物残留量的测定   液相色谱－串联质谱法》；

农业部 1077 号公告—2—2008《水产品中硝基呋喃类代谢物残留量的测定   高效液相色谱法》；

农业部 1077 号公告—3—2008《水产品中链霉素残留量的测定   高效液相色谱法》；

农业部 1077 号公告—4—2008《水产品中喹烯酮残留量的测定   高效液相色谱法》；

农业部 1077 号公告—5—2008《水产品中喹乙醇代谢物残留量的测定   高效液相色谱法》；

农业部 1077 号公告—6—2008《水产品中玉米赤霉醇类残留量的测定   液相色谱－串联质谱法》；

农业部 1163 号公告—9—2009《水产品中己烯雌酚残留检测   气相色谱－质谱法》；

农业部 1077 号公告—7—2008《水产品中恩诺沙星、诺氟沙星和环丙沙星残留的快速筛选测定   胶体金免疫渗滤法》；

中华人民共和国国家标准《水产品中孔雀石绿和结晶紫残留量的测定   高效液相色谱荧光检测法》（GB/T 20361—2006）。

二、水产品重金属含量检测方法

水产品主要重金属含量检测方法参考以下国家标准。

中华人民共和国国家标准《食品安全国家标准   食品中总汞及

有机汞的测定》（GB 5009.17—2021）；

中华人民共和国国家标准《食品安全国家标准　食品中铅的测定》（GB 5009.12—2017）；

中华人民共和国国家标准《食品安全国家标准　食品中镉的测定》（GB 5009.15—2014）；

中华人民共和国国家标准《食品安全国家标准　食品中总砷及无机砷的测定》（GB 5009.11—2014）；

中华人民共和国国家标准《食品安全国家标准　食品中铬的测定》（GB 5009.123—2014）。

三、水产品有毒、有害物质检测方法

参考第三章第二节第二部分。

第六章

稻渔水产品质量认证标准及程序

第一节　绿色水产品认证

一、绿色水产品的标准

（1）产品或产品原料的产地，必须符合国家制定的"绿色食品生态环境标准"。

（2）水产养殖及水产品加工，必须符合国家制定的"绿色食品生产操作规程"。

（3）产品必须符合国家制定的"绿色食品质量和卫生标准"。

（4）产品外包装必须符合国家食品标签通用标准，符合绿色食品特定的包装、装潢和标签规定。

这些仅仅是理论上的绿色水产品标准。由于绿色水产品的生产程序较复杂，存在的问题也较多，它不仅涉及养殖业的养殖环境和条件，而且还与饲料加工、苗种培育、渔药生产、环保科学、营养学、食品卫生科学相结合。

二、绿色水产品生产技术规范

绿色水产品的养殖管理是为保证最终产品符合绿色水产品的要求，大力提倡健康的养殖模式。健康养殖主要包括种质管理、环境管理、饲养管理和防疫管理四个方面。

1. 种质管理

（1）选择无污染性病原携带的亲体。

（2）受精卵消毒。

（3）育苗用水须沉淀、消毒，使整个育苗过程呈封闭状态，无病原带入。

（4）种苗培育过程不滥用防治药物。

（5）保证使用成熟卵及精子，并投喂高质量饵料。

（6）种苗出场前，进行严格检疫消毒。

2. 环境管理

养殖水体的要求必须按《渔业水质标准》（GB 11607—1989）执行。该标准就渔业水质规定了 33 项限定指标，同时还增加了农药残留量的限定指标。

3. 饲养管理

在合理密度基础上，实施"定质、定量、定时、定点"的"四定"投饲，以及坚持清塘、重点检测、认真记录和及时采取措施的管理制度。还应使用高效、系数低、适口性好、稳定性高的配合饵料。因为饵料的利用率与养殖环境的好坏有密切关系。饲料和饲料添加剂的使用符合《绿色食品 渔业饲料及饲料添加剂使用准则》（NY/T 2112—2011）的要求。

4. 防疫管理

坚持以预防为主，防重于治的原则。病害防治及用药必须符合《绿色食品 渔药使用准则》（NY/T 755—2013）和农业农村部发布的《水产养殖用药明白纸 2020 年 1、2 号》宣传材料等要求，尽量采用生态防病技术。

三、绿色食品标志申请认证程序

1. 申请认证

（1）申请人向中国绿色食品发展中心（以下简称中心）及其所在省（自治区、直辖市）绿色食品办公室、省（自治区、直辖市）绿色食品发展中心（以下简称省绿办）领取《绿色食品标志使用申请书》《企业及生产情况调查表》及有关资料，或从中心网站下载。

（2）申请人填写并向所在省绿办递交《绿色食品标志使用申请

书》《企业及生产情况调查表》及以下材料：①保证执行绿色食品标准和规范的声明；②生产操作规程（种植规程、养殖规程、加工规程）；③公司对"基地＋农户"的质量控制体系（包括合同、基地地图、基地和农户清单、管理制度）；④产品执行标准；⑤产品注册商标文本（复印件）；⑥企业营业执照（复印件）；⑦企业质量管理手册；⑧要求提供的其他材料（通过体系认证的，附证书复印件）。

2. 受理及文审

（1）省绿办收到上述申请材料后，进行登记、编号，5个工作日内完成对申请认证材料的审查工作，并向申请人发出《文审意见通知单》，同时抄送中心认证处。

（2）申请认证材料不齐全的，要求申请人收到《文审意见通知单》后10个工作日提交补充材料。

（3）申请认证材料不合格的，通知申请人本生长周期不再受理其申请。

（4）申请认证材料合格的，执行现场检查和产品抽样程序。

3. 现场检查、产品抽样

（1）省绿办应在《文审意见通知单》中明确现场检查计划，并在计划得到申请人确认后委派2名或2名以上检查员进行现场检查。

（2）检查员根据《绿色食品　检查员工作手册（试行）》和《绿色食品　产地环境质量现状调查技术规范（试行）》中规定的有关项目进行逐项检查。每位检查员单独填写现场检查表和检查意见。现场检查和环境质量现状调查工作在5个工作日内完成，完成后5个工作日内向省绿办递交现场检查评估报告和环境质量现状调查报告及有关调查资料。

（3）现场检查合格，可以安排产品抽样。凡申请人提供了近一年内绿色食品定点产品监测机构出具的产品质量检测报告，并经检查员确认符合绿色食品产品检测项目和质量要求的，免产品抽样检测。

（4）现场检查合格，需要产品抽样检测的安排产品抽样。

①　当时可以抽到适抽产品的，检查员依据《绿色食品　产品抽样技术规范》进行产品抽样，并填写《绿色食品产品抽样单》，同时将抽样单抄送中心认证处。特殊产品（如动物性产品等）另行规定。

②　当时无适抽产品的，检查员与申请人当场确定抽样计划，同时将抽样计划抄送中心认证处。

③　申请人将样品、产品执行标准、《绿色食品产品抽样单》和检测费寄送绿色食品定点产品监测机构。

（5）现场检查不合格，不安排产品抽样。

4. 环境监测

（1）绿色食品产地环境质量现状调查由检查员在现场检查时同步完成。

（2）经调查确认，产地环境质量符合《绿色食品　产地环境质量现状调查技术规范》规定的免测条件，免做环境监测。

（3）根据《绿色食品　产地环境质量现状调查技术规范》的有关规定，经调查确认，必须进行环境监测的，省绿办自收到调查报告2个工作日内以书面形式通知绿色食品定点环境监测机构进行环境监测，同时将通知单抄送中心认证处。

（4）定点环境监测机构收到通知单后，40个工作日内出具环境监测报告，连同填写的《绿色食品环境监测情况表》，直接报送中心认证处，同时抄送省绿办。

5. 产品检测

绿色食品定点产品监测机构自收到样品、产品执行标准、《绿色食品产品抽样单》、检测费后，20个工作日内完成检测工作，出具产品检测报告，连同填写的《绿色食品产品检测情况表》，报送中心认证处，同时抄送省绿办。

6. 认证审核

（1）省绿办收到检查员现场检查评估报告和环境质量现状调查报告后，3个工作日内签署审查意见，并将认证申请材料、检查员现场检查评估报告、环境质量现状调查报告及《省绿办绿色食品认证情况表》等材料报送中心认证处。

（2）中心认证处收到省绿办报送材料、环境监测报告、产品检测报告及申请人直接寄送的《申请绿色食品认证基本情况调查表》后，进行登记、编号，在确认收到最后一份材料后2个工作日内下发受理通知书，书面通知申请人，并抄送省绿办。

（3）中心认证处组织审查人员及有关专家对上述材料进行审核，20个工作日内做出审核结论。

（4）审核结论为"有疑问，需要现场检查"的，中心认证处在2个工作日内完成现场检查计划，书面通知申请人，并抄送省绿办。得到申请人确认后，5个工作日内派检查员再次进行现场检查。

（5）审核结论为"材料不完整或需要补充说明"的，中心认证处向申请人发送《绿色食品认证审核通知单》，同时抄送省绿办。申请人需要在20个工作日内将补充材料报送中心认证处，并抄送省绿办。

（6）审核结论为"合格"或"不合格"的，中心认证处将认证材料、认证审核意见报送绿色食品评审委员会。

7. 认证评审

（1）绿色食品评审委员会自收到认证材料、认证处审核意见后10个工作日内进行全面评审，并做出认证终审结论。

（2）认证终审结论分为两种情况：认证合格或认证不合格。

（3）结论为"认证合格"，执行颁证。

（4）结论为"认证不合格"，绿色食品评审委员会秘书处在做出终审结论2个工作日内，将《认证结论通知单》发送申请人，并抄送省绿办。本生产周期不再受理其申请。

8. 颁证

（1）中心在5个工作日内将办证的有关文件寄送"认证合格"申请人，并抄送省绿办。申请人在60个工作日内与中心签订《绿色食品标志商标使用许可合同》。

（2）中心主任签发证书。

四、绿色食品申请材料清单

申请人向所在省绿办提出认证申请时，应提交以下文件，每份文件一式两份，一份省绿办留存，一份报中心。

（1）《绿色食品标志使用申请书》。

（2）《企业及生产情况调查表》。

（3）保证执行绿色食品标准和规范的声明。

（4）生产操作规程（种植规程、养殖规程、加工规程）。

（5）公司对"基地＋农户"的质量控制体系（包括合同、基地地图、基地和农户清单、管理制度）。

（6）产品执行标准。

（7）产品注册商标文本（复印件）。

（8）企业营业执照（复印件）。

（9）企业质量管理手册。

对于不同类型的申请企业，依据产品质量控制关键点和生产中投入品的使用情况，还应分别提交以下材料：①提供生产中所用农药、商品肥、兽药、消毒剂、渔用药、食品添加剂等投入品的产品标签原件；②生产中使用商品预混料的，提供预混料产品标签原件及生产商生产许可证复印件。

第二节 有机水产品认证

一、水产养殖有机认证标准

1. 一般原则

（1）有机水产养殖业是一种开放式或人为开放式的系统。在这种系统中，最大限度地限制使用化学药物、人工药物诱导生产的苗种、非天然原料制成的配合饲料，并利用水域的自然生产力来进行生产，以提供高营养、优质的水产食品为根本目的。

（2）有机水产养殖业的生产中应控制外来的投入品，保护利用植物、动物和天然水域的自然生产能力。尽量持续利用并保护水域资源，维护天然水域的生态平衡。

（3）有机水产养殖涵盖的范围较广，它涉及的水域有淡水、海水、盐碱水和半咸水等；养殖的场地有水库、河流、湖泊、港湾、滩涂、近海和深海等天然水域；养殖的方式有网箱、网栏、网围及增殖放流等；养殖的对象包括各个生产阶段的肉食性、滤食性、吃食性、杂食性及草食性水产经济动物。

（4）在开放水域的野生、固有的水产生物可以作为有机水产养殖对象进行认证，但按照基本程序不能够检查的生物不在本标准范围之内。

2. 转换期

（1）有机转换期的确定　转换期不应少于转换生物的一个养殖周期。转换期长短应由认证机构根据转换生物的种类、生命周期、环境因素、养殖场地、养殖水域、过去残存废物、沉淀和水质等因素具体制定。如果认证机构允许引入其他常规生物，其转换期也应考虑新被引入的生物。

（2）转换计划　转换开始时应制订详细的有机转换计划，转换计划应包括以下内容：①历史和现状；②转换的时间表；③转换的具体内容和措施；④转换时可能发生变化的因素。

（3）转换的内容　转换包括养殖水域的确定、养殖对象选择以及营养、疾病控制等养殖过程和水产品捕捞、运输、粗加工等。

（4）转换的条件　下列情况不需要转换期：①在水体自由流动而且未遭受本标准禁用物质影响的开放水域的野生固有生物；②有机生产的各种条件，如水质、投入品（饲料、药物和其他物质）可以被检查、监控，并符合相关标准。

（5）其他　如果整个养殖水域不能够一次转换，那么被分割的各个小的转换水域应该保证能够满足所有的标准，且还需要满足以下条件：①常规和有机生产单元之间应该有明显特征的隔离带；

②转换期内的各个生产过程不能在有机与常规管理之间来回转换。

3. 养殖场地

（1）选址原则　根据保护周围的水环境和陆地环境的原则确定养殖场地。养殖场地（包括其相关附属场地）应该距离污染源和常规水产品生产有一定的距离并保持养殖水域的生态平衡。

（2）养殖场选址的基本条件　包括地理位置、周围环境等。①方圆 100 km 以内无矿场、核电站等潜在的污染源，以及无废水处理不达标的化工厂、造纸厂、制革厂等；②流入养殖场地的地表径流不含有工业、农业和生活污染物；③水源要符合《渔业水质标准》（GB 11607—1989）中 2 类水质标准的要求；④养殖场没有发生过严重的不可治愈的水产动物疾病；⑤养殖场在最近三年内未使用过禁用的农药、化肥、兽药和渔药等。

4. 养殖对象

（1）选种原则　养殖对象应该选择适合当地条件（包括环境条件、饵料生物的来源以及养殖对象和水域中与其他生物的协调等）生长的种类，苗种应该主要来源于自然繁育、人工捕捞；经认证机构的许可，也允许使用非自然生产的繁殖方法（如亲鱼的非药物方式催产、鱼卵的人工孵化等）获得苗种。

（2）苗种来源

① 应主要选择自然繁育或在已确认无污染水域捕捞的地方优良品种。

② 引入的外来生物应该来自有机生产养殖系统。

③ 如果引入常规水生生物时要得到认证机构的允许，且在有机系统内至少生活 2/3 的生命周期。引入的数量每年不超过养殖场同类有机水产动物的 10%，但以下情况除外：不可预见的自然灾害或人为危害；有机生产养殖场和有机生产规模扩大；在养殖场内建立另一种新的水产生物生产；小规模生产。

（3）不允许选择的养殖对象　不允许使用多倍体、转基因技术以及性激素等禁用药物诱导生产的水产生物品种作为养殖对象。

5. 管理

（1）放养基本原则　放养的模式、密度、规格和混养的比例等应根据水产生物的生理学和行为学特性来制定。水产生物的活动应符合其天然生态条件下的行为方式。在引进外来生物时，应对当地原有水产生物的健康不产生危害。

（2）防护措施　应有足够的措施避免下列情况发生：①放养对象的逃逸；②其他水域生物的侵入；③天敌对放养生物产生的影响。

（3）水质管理

① 养殖水质应达到《渔业水质标准》（GB 11607—1989）的 2 类水质标准。

② 保护和加强微生物、植物和动物间所有生物的良性循环。

③ 禁止使用人工合成的肥料，禁止使用有机化学合成药物。

④ 不在建筑材料和生产设备中使用影响水体环境和水产动物健康的物质（如含有化学合成物质的材料和渗渍物质）。

⑤ 制定防止水温剧烈变化的措施。

⑥ 生产单位应定期进行养殖水质的检测并进行记录。如果在生产过程中水产养殖生物出现反常行为，应根据生物的需求对水质进行检测，且将检测结果记录在案。

（4）投喂

① 基本原则：饲（饵）料应该营养全面、无污染、新鲜，并且根据水产养殖对象的生长和健康需求投喂。积极倡导使用天然饵料饲养，尽量减少残饲（饵）料流失到环境中。不适合人类消费的经有机认证的农副产品和野生水产品可以用作有机水产养殖饵料使用。

② 配合饲料的基本要求

a. 饲料原料应该由经有机认证的饲料原料或野生饵料组成，经认证机构认可，允许 5%（干重）的饲料原料来自常规系统。

b. 可以用于制作配合饲料的蛋白源原料有：底层白鲑鱼类的鱼粉、多脂鱼类的鱼粉、海洋哺乳动物加工成的可溶性原料以及经有机认证的植物蛋白。在饲料的配比中，允许 50% 动物蛋白来自不适合人类消费的并经有机认证的动物的副产品、下脚料或其他材料。

c. 在遇到不可预见的自然灾害情况下，上述提及的百分比允许超出。

（5）允许使用和不允许使用的饲料原料

① 允许使用天然的维生素、微量元素和矿物质等。对人工合成或非天然形态的物质，在使用时应得到认证机构的认可。以下的原料允许使用。

a. 供食品用的细菌、真菌。

b. 食品工业的废料（如糖蜜）。

c. 植物性产品。

② 下列产品（或该产品的其他任何形式）不能用作饲料或饲料添加剂。

a. 人工合成的生长促进剂和兴奋剂。

b. 人工合成的诱食剂。

c. 用溶剂（如乙烷）提取的饲料。

d. 尿素。

e. 纯氨基酸。

f. 基因工程生物或产品。

g. 渔药，但不包括非化学合成的用于增强机体功能的营养性渔药。

③ 限制直接使用人粪尿及畜禽粪尿来培育水体浮游生物饵料；在天然水域中禁止使用人粪尿及畜禽粪尿。

④ 如遇特殊天气情况，需要适当使用部分人工合成的化学防腐剂，但应经认证机构认可。

6. 疾病控制

（1）原则　疾病防治应重视维护环境和养殖对象微生态平衡的理念，遵循"以防为主，防治结合"的方针。所有的防治措施应围绕抵抗病虫害和防止疾病的传染而进行。所有管理措施特别是生产水平和生长速度应根据生物的健康而定。应尽量减少活的水产生物的搬运,以免因损伤而导致疾病的发生。在选择疾病治疗措施的时候,动物的健康和安全是最重要的因素。

(2)控制疾病的主要措施 根据养殖对象潜在疾病预先采取相应的防治措施,如生态防治、免疫防治以及非化学的药物防治。疾病发生后应查找原因,根据病因采取相应的措施。在治疗时,生物的方法和非化学药物的防治方法应首先予以考虑。疾病防治应尽量减少对养殖对象和环境的危害与影响。对于不可治愈的疾病,应及时将养殖对象焚烧销毁。

(3)允许使用的药物和制剂

① 提倡采用物理与生物的方法治疗养殖对象的病害。在控制得力的情况下,经认证机构认可,允许使用安全性高的部分渔药和天然植物药。

② 如果本地区发生某种病害,在其他管理技术不能控制且国家法律法规许可的情况下,允许进行疫苗防治,但是活疫苗应无外源病原污染,灭活疫苗的佐剂未被水产生物完全吸收前,该水产生物不能作为有机食品。

(4)禁止使用的药物和制剂 ①激素和人工合成的生长促进剂;②抗生素、有机化学消毒剂和农药等;③GMO方法产生的渔药、疫苗及制剂等。

(5)生产日记 保存完整的疾病防治记录的档案。其中记录应该包括:①发病时间、症状、死亡情况、水质情况等;②疾病防治的细节,包括治疗用药的经过、治疗时间和疗程等;③所用药物的商品名称、生产单位、产品批号和主要有效成分;④患病动物所在的养殖水域的标志或编号;⑤病原生物的鉴定。

7. 捕捞

(1)原则 捕捞行为不应该对生产区域产生不良影响,并且只能在有机生产规定的范围内进行捕捞。

(2)捕捞工具与方式 提倡网捕及钓捕等不损伤养殖对象的捕捞方式;开放式水体的捕捞量应保证不超过生态系统的可持续生产

的产量。

（3）禁止采用的捕捞行为 化学诱捕、电捕、敲捕、鸬鹚捕及炸捕等。

8. 活体运输

（1）运输原则 根据养殖对象、运输的水质、温度、溶解氧、季节、天气等选择合适的运输工具，应该尽量减少运输距离和次数。尽量按照对水产生物最合适的方式运输，避免对运输对象造成不利影响和物理损伤，运输设备或材料不应该对运输对象有潜在的毒性。

（2）运输应考虑的因素 ①水质状况；②运输水体大小；③运输密度；④运输距离和时间；⑤防止运输对象逃逸的措施；⑥运输过程应该有专人对运输对象的健康负责。

（3）不允许的运输行为 ①运输前或运输期间使用化学合成的镇静剂、麻醉剂、增氧剂和兴奋剂等；②高密度和长时间运输。

9. 粗加工（捕杀）

（1）原则 捕杀措施和技术应该根据生物的生理学和行为学特性仔细考虑，防止生物体内有害物质（如毒素）等的自身污染，而且要考虑民族习惯。

（2）捕杀加工方式 在动物放血以前为了避免不必要的痛苦，动物应该处于无知觉状态。采用迅速致死的方式杀死水产生物。

二、有机食品认证程序

（1）申请者向认证中心提出正式申请，填写申请表和交纳申请费。

（2）认证中心核定费用预算并制订初步的检查计划。

（3）申请者交纳申请费等相关费用，与认证中心签订认证检查合同，填写有关情况调查表并准备相关材料。

（4）认证中心对材料进行初审并对申请者进行综合审查。

（5）实地检查评估。认证中心在确认申请者已经交纳颁证所需的各项费用后，派出经认证中心认可的检查员，依据《有机食品认证技术准则》，对申请者的产地、生产、加工、仓储、运输、贸易等进行实地检查评估，必要时需要对土壤、产品取样检测。

（6）撰写检查报告。检查员完成检查后，撰写产地、加工厂、贸易检查报告。

（7）综合审查评估意见。认证中心根据申请者提供的调查表、相关材料和检查员的检查报告进行综合审查评估，编制颁证评估表，提出评估意见提交颁证委员会审议。

（8）颁证委员会决议。颁证委员会对申请者的基本情况调查表、检查员的检查报告和认证中心的评估意见等材料进行全面审查，作出是否颁发有机证书的决定。

（9）颁发证书。根据颁证委员会决议，向符合条件的申请者颁发证书。获证申请者在领取证书前，需要对检查员报告进行核实盖章，获有条件颁证申请者要按认证中心提出的意见进行改进并做出书面承诺。

（10）有机食品标志的使用。根据有机食品证书和《有机（天然）食品标志管理章程》，办理有机标志的使用手续。

三、有机食品认证程序的时限

1. 申请（1周）

直接向认证机构申请，认证机构将询问有关基础的一些信息以便进行严格而可信的费用预算。

2. 合同和费用预算（1周）

在所提供信息的基础上，第二周申请者会收到一份检查合同以及一份费用预算、检查程序、时间表和有关技术细节的说明。

3. 检查（根据地区、产地情况，时间3~7d）

认证机构指派一名有经验的检查员执行检查，他将提供一份详尽的检查时间表，并要求通知申请者在当地的合作伙伴等细节。检查内容包括申请者的有机生产内部规章制度，生产地以及参观包装、房屋、仓库和加工厂，最新文件、记录和最终与申请者的讨论。

4. 检查员报告（2周）

检查中的调查报告与有关文档一起寄到认证机构办公室。如检查员有疑问，可随时提出追加一次检查。检查员报告将在其检查完成后的2周内提交认证机构。

5. 综合审查评估（3周）

认证中心将检查员报告的结果与认证机构《有机食品认证技术准则》进行对照，如经事先同意，还将应用附加标准。认证中心形成一份包括"有机生产是否符合准则要求以及改进措施"在内的"综合审查评估报告"。

6. 颁证决议（2周）

认证中心将"综合审查评估报告"提交颁证委员会，颁证委员会将作出是否颁证的决议。

7. 付款及颁证（2周）

在检查开始之前须付款50%，当认证决议生效时必须付清余额并得到发票。认证机构将会在检查员检查后90天内颁发证书。

第三节　中国地理标志产品认证

地理标志产品原由中华人民共和国国家质量监督检验检疫总局负责审核，2018年3月，国务院机构改革后由中华人民共和国国家知识产权局负责审核。

目前我国地理标志保护包括产品保护和商标注册两种形式。在产品保护方面，主要依据《关于国务院机构改革涉及行政法规规定的行政机关职能调整问题的决定》和《地理标志产品保护规定》，由产品所在地县级以上人民政府指定的地理标志产品保护申请机构或人民政府认定的协会和企业（以下简称申请人）提出，经省级知识产权管理部门初审和国家知识产权局审查批准予以保护。申请保护的产品在县域范围内的，由县级人民政府提出产地范围的建议；跨县域范围的，由地市级人民政府提出产地范围的建议；跨地市范围的，由省级人民政府提出产地范围的建议。申请人应提交以下资料。

（1）有关地方政府关于划定地理标志产品产地范围的建议。

（2）有关地方政府成立申请机构或认定协会、企业作为申请人的文件。

（3）地理标志产品的证明材料包括：①地理标志产品保护申请书；②产品名称、类别、产地范围及地理特征的说明；③产品的理化、感官等质量特色及其与产地的自然因素和人文因素之间关系的说明；④产品生产技术规范（包括产品加工工艺、安全卫生要求、加工设备的技术要求等）；⑤产品的知名度，产品生产、销售情况及历史渊源的说明。

（4）拟申请的地理标志产品的技术标准。

在商标注册方面，主要依据《商标法》《商标法实施条例》和《集体商标、证明商标注册和管理办法》，由管辖该地理标志所示地区的人民政府或行业主管部门批准的具体资格的团体、协会或其他组织提出，经国家知识产权局审查核准予以注册集体商标或证明商标。

2020年4月，为加强我国地理标志保护、统一和规范地理标志专用标志使用，国家知识产权局发布第354号公告，制定《地理标志专用标志使用管理办法（试行）》。该办法中规定了地理标志专用标志合法使用人应当遵循的诚实信用原则、地理标志专用标志的合法使用人主体、地理标志专用标志的使用要求、地理标志专用标志合法使用人可采用的地理标志专用标志标示方法等。2021年5月，国家知识产权局、国家市场监督管理总局联合印发了《关于进一步加强地理标志保护的指导意见》（国知发保字〔2021〕11号，以下简称《指导意见》）。主要包括夯实地理标志保护工作基础、健全地理标志保护业务体系、加强地理标志行政保护、构建地理标志协同保护工作格局等4方面12条任务，并通过加强组织领导和资源投入、学术研究和宣传培训等两个方面来强化实施保障、推动政策落地。《指导意见》的出台，有助于进一步明确方向、聚焦重点，对于新时期地理标志保护工作具有重要的指导意义。

参考文献

［1］Portch S，Hunter A. 评价与改善土壤肥力的系统研究法 [M]. 杨俐苹，译. 北京：中国农业出版社，2005.

［2］车文毅，蔡宝亮. 水产品质量检验 [M]. 北京：中国计量出版社，2006.

［3］雷衍之. 养殖水环境化学 [M]. 北京：中国农业出版社，2004.

［4］李学军. 养殖水域水质管理关键技术 [M]. 郑州：中原农民出版社，2015.

［5］刘淑华. 农产品质量安全读本：水产篇 [M]. 伊犁：伊犁人民出版社，2013.

［6］沈毅. 水产品质量安全生产指南 [M]. 北京：科学技术文献出版社，2008.

［7］王玉堂. 渔用饲料加工与质量控制技术 [M]. 北京：海洋出版社，2016.

［8］肖广侠，李战军，孟宪红，等. 白斑综合征病毒（WSSV）3 种 PCR 检测方法的灵敏度比较 [J]. 中国水产科学，2011，18（3）：7.

［9］徐海圣. 中华绒螯蟹常见病原的分离鉴定、致病及免疫机制研究 [D]. 杭州：浙江大学，2003.

［10］徐琪，杨林章，董元华，等. 中国稻田生态系统 [M]. 北京：中国农业出版社，1998.

［11］薛敏，秦玉昌，曾虹，等. 饲料安全管理法规及风险管理研究进展 [J]. 饲料工业，2013（16）：1-8.

［12］曾庆雄. 水产苗种鉴别方法 [J]. 海洋与渔业，2016（5）：72.

［13］中国土壤学会. 土壤科学与社会可持续发展（中）：土壤科学与资源可持续利用 [M]. 北京：中国农业大学出版社，2008.

［14］周德庆. 水产品质量安全与检验检疫实用技术 [M]. 北京：中国计量出版社，2007.

［15］朱春华，刘苃，刘晓东，等. 中华鳖虹彩病毒单克隆抗体的制备及其抗原表位的初步分析 [J]. 水产学报，2009，33（5）：840-846.